JN061180

卸売市場に希望はあるか

青果物流通の未来を考える

小暮宣文 著

実生社

はじめに

農業の生産力強化の一翼を担うのが、卸売市場である。

筆者が卸売市場の存在を知ったのは40年ほど前である。それまで野菜や果実を毎日のように食べていながら、その流通の要である卸売市場を全く知らなかった。小学校の授業で習ったかもしれないが、記憶にはない。多分、多くの消費者も同じで義務教育で学習したり、実際に卸売市場を見学したりしていてもすっかり忘れているのではないだろうか。卸売市場とは、そういう陰なる存在でありながらも、その仕組みを巧みに活用して〝縁の下の力持ち〟として消費者の食を支える重要な地位を保っているのであるから、不思議といえば不思議である。しかし、今後も多くの人が知らなくても構わない存在であり続けるわけにはいかない。簡便性に流される食生活の中で、鮮度や素材の味を大切にしてきた「日本型食生活」が危ぶまれているが、卸売市場の根拠となっていた卸売市場法が改正され、2020年に施行される前後から、価格形成などの面で、その存在価値を揺るがすような事態が顕在化して起きている。このまま放置されれば全国の消費者に野菜・果実など生鮮食品を安定的に届けることが滞る事態にもなりかねないと、筆者は危惧する。

本書は、広域流通の要である卸売市場の存在価値を多くの消費者に改めて知ってもらうとともに、卸売市場で事業を営む業者や開設する地方自治体、また主な出荷者である農協などに、卸売市場の置かれている現状、取り巻く環境の変化を的確にとらえてほしいという思いを込めて書いた。そのうえで、どのように現状をとらえ対処することが存在価値を高めることになるのかを考え、卸売市場に関わる方々が率先して変革に取り組む姿勢を促すことに力点を置き、さらに国の卸売市場への関与の後退の問題点についても触れた。そのため、市場業者にも、開設者にも、さらに農協に対しても厳しい指摘をしたり、国の責任を問うたり、ときには卸売市場行政を監視すべき研究者にも注文を付けたりした。また、卸売市場が今後も消費者に青果物を安定的に届けるために、あるべき方向性を筆者の考えとして示すとともに、日本型食生活の維持・発展にも寄与する存在意義のあることにも言及した。

本書の対象と視点

卸売市場には、青果、花き、魚類、畜産物を扱うところがあるが、本書ではそのなかでも国産の野菜・果実の全体流通量の約8割を取り扱う青果物の卸売市場を取り上げ、中核を担う中央卸売市場を考察の主な対象とした。四つのPartと序から終まで六つに分けているが、一つ目の視点は、卸売市場で業務を担う市場業者の経営状況である。長い間、財務の悪化が指摘されながら弥縫(びほう)的な対応策しかとってこなかった卸売業者、仲卸業者の現状と問題点を指摘した。多くの研究者が深く追究しなかった問題をあえて詳細に書き込んである。また、二つ目は主な出荷者である農協の課題だ。販売事業の苦戦が続きながらも、抜本的な変革を怠ってきたこと、政府の規制改革推進会議の報告を受けて「自己改革」に取り組む姿勢を示しながらも未だその成果が上がらない原因などを、「組織文化・風土」

や「共販三原則」、生産者組織の再編への道筋などの問題とあわせて俎上にのせた。視点の三つ目としては卸売市場の役割は何であるのかを改めて問い直し、筆者が考える今後の卸売市場の「あるべき姿」を提案した。特に、卸売市場業者や開設者にとっては「あるべき姿」は〝身を切る改革〟につながるだけに重たい課題になろうが、卸売市場を取り巻く環境の変化や、生鮮食品の持つ有益性を忘れつつある消費者に対する新たな役割を敏感に感じ取り、卸売市場の存在価値をさらに高める機会ととらえ、是が非でも取り組んでもらいたいと願っている。

また、国の卸売市場行政については「序」で書く程度にとどめた。それは一時期までは卸売市場の「あるべき姿」を模索し、施策に反映させようとしていた点が評価できるからである。各章でそれらについては触れているが、ただ、改正卸売市場法については政府の規制改革推進会議の報告に沿った内容に終始するのみで、卸売市場行政を担う農水省の意気込みがみられないと筆者は感じている。卸売市場への関与の大きな後退が今後、国民への生鮮食品の安定供給にどのように影響してくるか、その際の責任をどうとるかじっくりと見極めていきたい。

本書に登場する卸売業者や仲卸業者、それに農協など関係者のほとんどを匿名にした。それぞれの当事者の発言の重たさを身に染みて感じるだけに、万が一にも弊害が生じないよう実名を避けた。しかし、すべての事柄は取材で得たことであり、また現場に居合わせた事実を修飾せずに描いた。卸売市場の「現場」からの発信であり、決して机上論ではないことを断っておきたい。

青果物流通で近年、注目を浴びている農産物直売所については一切触れていない。農水省の2020年度6次産業化総合調査では、全国に2万3600か所、取扱金額で1兆535億円の規模になり、一部では「流通の旗手」ともてはやされている。しかし、2017年度以降の取扱金額は横ばいから減少傾向にあり一時の勢いはみられないのが現状であり、原因の分析が必要な状況にあるといえるだろう。もともと、直売所は限られた域内で生産された農産物を販売する拠点であることが特徴であり、四季を通じて多彩な野菜や果実を流通させる役割を担っているわけではない。また、価格も卸売市場の相場を参考に出荷者が付けている例が少なくなく、多種多様な青果物を休みなく広域に流通させている卸売市場の補完的な存在といっていいだろう。もちろん、小規模、零細な農業者や家庭菜園でコツコツと営農を続ける農業者らにとって欠かせない存在であることは間違いなく、農業の裾野を広げる意味合いからも大切な売り場であり、今後も青果物流通の担い手であり続けることを期待している。

本書をまとめているさなか、ロシアのウクライナ侵攻が始まった。温暖化による異常気象が地球的な規模で広がり、世界的な人口増加も続くなかで、食料供給の不安は一層増幅されている。他人事と考えていたリスクが「自分事」になり、日本でも「食料安全保障」の重要性がようやく指摘され始めてきた。それだけに、農業の生産力強化の一翼を担う卸売市場の存在意義と価値をさらに高めるために、卸売市場の関係者すべてが「今後の市場のあるべき姿」を真摯に議論し、求めることを願いたい。

本文の大部分は書きおろしである。ただ、日本農業新聞に在籍していた当時に執筆した記事や退職後に月刊誌などに書いた記事については加筆・修正したものがあるので、初出の原稿の出所として注で断りを入れた。

最後になったが出版に際して、（株）実生社の越道京子さんに大変お世話になった。書籍に初めて携わらせてもらった『青果物のマーケティング』（昭和堂）の編集者として担当して頂いた縁で出版を依頼してから、原稿を読み、出版企画書を手早くまとめて下さっただけでなく、出版予定も早める願いもかなえてもらうなど随分とご苦労をおかけした。原稿に通底する卸売市場への筆者の思いを、失望しながらも、希望を持ち期待を寄せている、と読み解いてもらい、いかにもという硬い書名からの変更提案ばかりか、編集・校正にも多大の労をかけてしまったことをお詫びし、改めて感謝とお礼を申し上げたい。

小暮宣文

卸売市場に希望はあるか
——青果物流通の未来を考える

目次

序　いまこそ卸売市場の役割を問い直す

わが国の青果物流通の根幹をなす卸売市場法が2018年6月に改正され、2020年6月に施行された。国が策定すべき卸売市場整備基本方針・計画が法の「目的」「定義」などから削除され、大幅な取引の自由化が盛り込まれたが、施行後2年以上を経た今日でも何事もなかったかのように卸売市場で取引がなされている。しかし、施設の再整備が必要な卸売市場が数多くあり、さらに改正法の制定過程やその後の卸売市場の動向を吟味すれば、附則にある「5年後の見直し」条項によって法律そのものが2025年にも廃止されかねない状況にあるといえる。生鮮食品の流通拠点としての卸売市場は今後どのように変質していくのか。それ次第では国民に不安なく毎日、安定的に生鮮食品を届けることが難しくなることも考えられる。

卸売市場の関係者や研究者の発言、卸売市場業者の行動を改正法の成立直後からみていると、「卸売市場の役割とは何であるのか」を十分に思慮しないものが目に付く。「卸売市場法の理念は農業者保護にある」「出荷者は卸売市場の価格形成に発言権はない[1]」などの意見のほか、卸売市場の敷地の一部を民間活力導入によって「市民の『食のテーマパーク』として活かすことが卸売市場の活性化につながる」といった考え方がそれである。また卸売業者の中には「事業は社会貢献」といいながらも、合併や統合などではなく同業他社や異業種に経営権を売却してしまうことまで起きている。

青果物や花き、魚を含めて生鮮品流通の中核を担う卸売市場の役割・機能は、生産者の作ったものを消費者に届けるために、多段階流通（122頁参照）の最終段階で量的・質的に調整して価格を形成することである。青果物でいえば、多数の農業者から農協やJA全農県本部・県連合会に出荷される過程で野菜・果実を商品化するため選果・選別、それを受けて卸売市場は需給実勢を反映して価格を発見・形成し、小売業者ら実需者に分荷して代金決済をすることに存在価値がある。生鮮食品は、作柄が天候によって左右されやすいだけでなく貯蔵ができず、産地も季節によって列島を移動すると いった「特殊性」がある。卸売市場はそれを考慮して、国民に毎日、安定的に供給するために、公開の場で公正・公平に売買するために設けられた公益性・公共性の高い施設である。

卸売市場法の改正と問題点

旧卸売市場法（1971年制定）は、農林水産大臣に卸売市場整備基本方針に基づき卸売市場整備計画を作るよう求めていた。「基本方針」は全国にどの程度の数の卸売市場、とりわけ中心となるべき中央卸売市場を配置するべきか、その整備をどう進めていけばいいか、あるいは卸売市場で毎日行われる取引が公正・公平であるには生鮮食品だけでなく食品全体を取り巻く環境の変化にどう対応していけばよいのかという方向性を示したものである。概ね5年ごとに改められ、法改正という大仕事を行うことの難しさを補うため、10年先を見通して策定されてきた。それでも取引実態と法律のはざまは埋めきれず、1999年と2004年の2度にわたって法改正が行われ、99年改正では市場取引の大原則であった「せり・入札」に「相対(あいたい)」取引（卸売業者と仲卸業者らが話し合いで価格を決める取引）が加えられたほか、卸売業者の財務の健全化方針も盛り込まれ指導基準の明確化や業務改善命令の発出基準を定めるなどしてきた。また、2004年法改正では、農協などからの集荷を、原則的に「委託（受託）」に限っていたものから「買付」でも集荷できるように改めたほか、卸売業者の手数料を全国一律の定率化（野菜8・5%、果実7・0%、花き9・5%など）を自由化（農水省は弾力化と表現）することに踏み切った。さらに、「商物一致の原則」や「第三者販売」の規制を緩和してスーパーなど大規模小売業者が取引の主体となった取引環境の変化にも対応した。

ただ、これらの法改正は、例えば「相対」取引などは現状の取引が先行していたことを追認したに過ぎず、手数料自由化も最終的に開設者の判断に委ねたことによってそれまでの定率手数料制が維持されたまま今日まできている。委託集荷の原則を改め、せり・入札という卸売市場の大原則に「相対」取引を加えるなど、1923年に創設されて以来続いてきた卸売市場制度の根幹に触れる改正をするのであれば、卸売市場の中核ともいえる卸売業者の経営基盤を根底から変えるために認可基準の見直しによる業者の規模拡大、開設者の広域化を図るなどの、それこそ抜本的な改正にまで乗り出すべきであった。1999年、2004年改正はそれを怠ったがために、消費動向の変化に追い付けず、「変化対応業」とまでいわれる大規模小売業者の変質など卸売市場を取り巻く環境の変化に対処できなかったのではないか。残念なのは、「ぬるま湯」的な環境に甘んじている市場業者に刺激を与えるようなダイナミックな変革をしなかった隙間を規制改革推進会議に突かれ、その結果として今回の改正法を誕生させることになってしまったことである。それが旧法における最も重要な考え方の一つであった卸売市場整備基本方針の削除・廃止につながったといえよう。改正法は「5年後見直し」条項を設け、法律の存続を改めて検討するとしているが、この条項には生鮮食品を加工食品など食品全般と同様のものとして捉え、食品等の流通の合理化及び取引の適正化に関する法律（旧食品流通構造改善促進法）に将来的に一本化する狙いがあるといっていいだろう。

改正卸売市場法の問題は、生鮮食品の「特殊性」を考慮せず、卸売市場を全国に適正に配置するという国の責任や関与を大幅に後退させ、卸売市場を開設する地方自治体などに運営責任を一切任せた点にある。自治体の財政力や卸売業者の力量を考えれば、生鮮食品を国民に安定的に供給することが果たして持続可能であるのか危惧されるだけに国の責任は大きい。食料供給の「安全保障」からの後退ともいうべき改正法を、消費動向が大きく変化するなかで「上からの画一」から「下からの多様」とみて、「（卸売市場における）地方自治体の自由裁量範囲が大幅に拡大した[2]」と好意的にみる意見もあるが、それには筆者はいささか疑問を感じる。

窮地に追いやられる卸売市場

卸売市場の開設者である地方自治体の財政や卸売業者・仲卸業者の財務状況は極めて厳しい。自治体は現在、一般会計からの繰入金で卸売市場の運営を維持しているものの限界に近付いている一方、卸売市場への入荷量は減り市場業者の経営も年々深刻さを増している。国は改正法によって卸売市場の既存の建物の建て替えを負担することはしないことを決めている。開場から40～50年を経た中央卸売市場が多くあるなかで、1990年初頭からのデフレ（持続的な物価の下落）以降、財政的な厳しさに置かれている自治体がすべてを負担することは無理であるし、まして経営悪化にある市場業者とともに卸売市場を建て直すことは困難である。では、「公設公営」で国民に生鮮食品を安定的に供給してきた卸売市場は誰が、どう維持していけばいいのか。

卸売市場の置かれている状況と同様に、青果物を出荷する農業の側にも厳しい現状がある。野菜や果実の担い手の不足と高齢化によって生産・出荷量は年々減っている。野菜の作付面積、果実の結果樹面積が減少の一途であることが背景にあり、このまま推移すれば卸売市場への出荷量は減る一方である。加えて、農業者が出資して作る農業協同組合（農協）も信用・共済・経済事業全体で「総合農協」としての存在価値を果たしてきたが、〝稼ぎ頭〟である信用事業が政府の規制改革推進会議の答申に添う農業政策の展開に伴い窮地に陥っており、もはや他事業の赤字を埋めるだけの財政的な余裕がなくなりつつある。特に、経済事業の柱である販売事業は約600ある全国の総合農協の8割で赤字であり、販売事業単独で黒字化することが農協経営における今後の重要課題になってきた。しかし、農産物を「売る」専門的な知識を持った人材が乏しく、政府が農協に強く求める消費者や実需者への「直接販売」などは難しい状況である。たとえ人材育成が成就したとしても卸売市場流通の持つ役割・機能、それに情報を巧みに活用した販売事業を組み立てることこそが、「農業者の所得向上」を目標に据え本来の「自己改革」を進める農協にとって重要であろう。

卸売市場流通はこうした数々の問題を抱えながらも、出荷者や購買人の期待に応え、消費者である国民に安定的な生鮮食品の供給をしなければならない局面にある。このままでは青果物流通の根幹であった卸売市場流通が条件の有利な大都市圏中心になってしまい、全国にくまなく生鮮食品を届ける仕組みが崩れかねないことを筆者は懸念している。卸売市場のあり方、将来像をあえて論じるのはそのためであり、懸念を現実のものにさせないためにどうすべきかを追究した。

本書は、新聞記者時代から自身が考えてきた「青果物流通の未来」を机上論ではなく実践的な裏付けをもってまとめたものだ。いくつかの厳しい指摘をときには出荷者に、卸売市場の業者に、またスーパーなど買受人に、そしてさらには卸売市場を研究テーマとする研究者らにも向けている。批判は覚悟のうえであるが、わが国の貴重な財産である卸売市場制度を維持・発展させるには、相互の意見をぶつけ合い議論し、その結果として出てきた答えを卸売市場行政や農業政策に反映させることに意義があることを是非とも理解してほしいと願っている。

注

（1）第3章の注（4）参照。

（2）第9章の注（11）参照。

Part 1 悪化する経営実態に迫る

第1章 卸売市場業者の財務の悪化とその課題

卸売市場が論じられる際、多くにおいて欠落していたのが市場業者である卸売業者、仲卸業者の経営実態への視点である。改正法制定までの過程をみても、その発端を作った規制改革推進会議の議論や結論、その後に記述された多くの論考でも卸売業者や仲卸業者の経営実態を詳細に検討したものにほとんど出合っていない。最近でいえば、卸売市場の今後のあり方を識者に検討を依頼した東京都の「市場の活性化を考える会」の報告でも、「市場業者の経営については十分踏み込んで論じていない」と記述されているぐらいである。[1]議論の時間がなかったのか否か明らかにされていないが、示された7つの課題の一つに卸売市場の「強固な財務基盤の確保」[2]を掲げて市場会計の今後を提言している以上、同会計の収入（収益的収支）の2割程度の市場使用料を支払う業者の経営実態は詳細に検討すべきだったであろう。しかし、報告はそこまで踏み込まず、「民間経営手法の導入」を提案するにとどめている。これでは単に卸売市場の「運営の効率化」を求めたものに過ぎず、卸売市場の抜本的な改革方向はみえない。本章では、これまであまり取り上げられずにきた市場業者の財務や取引実態について考える。

市場業者の財務の課題 ①入荷量の減少

まず、最大の課題である市場業者の経営を支える財務について考えてみたい。財務内容に影響を与えるのは野菜や果実の取扱数量である。中央卸売市場の入荷量が最多だったのは野菜が1992年度の778万トン、果実が1989年度の377万トンで、いわゆる「バブル経済」が最終段階を迎えたときであった。しかし、「バブルの崩壊」とともに入荷量は年々減少に転じ、2019年度は野菜568万トン、果実153万トンとなり、野菜は最盛期の27％減、果実は同59％減になった。ちなみに、研究者の多くの論考でよく用いられる**市場経由率**をあえて使わないのは、経由率の分母には生鮮食品だけでなくジュース類などの加工食品が生鮮食品に換算されて算入されているため、生鮮食品だけを扱う卸売市場の入荷量の動向を適切に判断することができないと考えるからである。

入荷量の減少は業者の財務に即座に打撃を与える。中央卸売市場の場合、相場は全国ほぼ横並びであるため入荷量、つまり卸売業者の取扱数量の多寡が収益に直接響く。中央卸売市場の取扱金額（売上高総額）をみると、野菜・果実の過去最高は1991年度の2兆9597億円であるが、2019

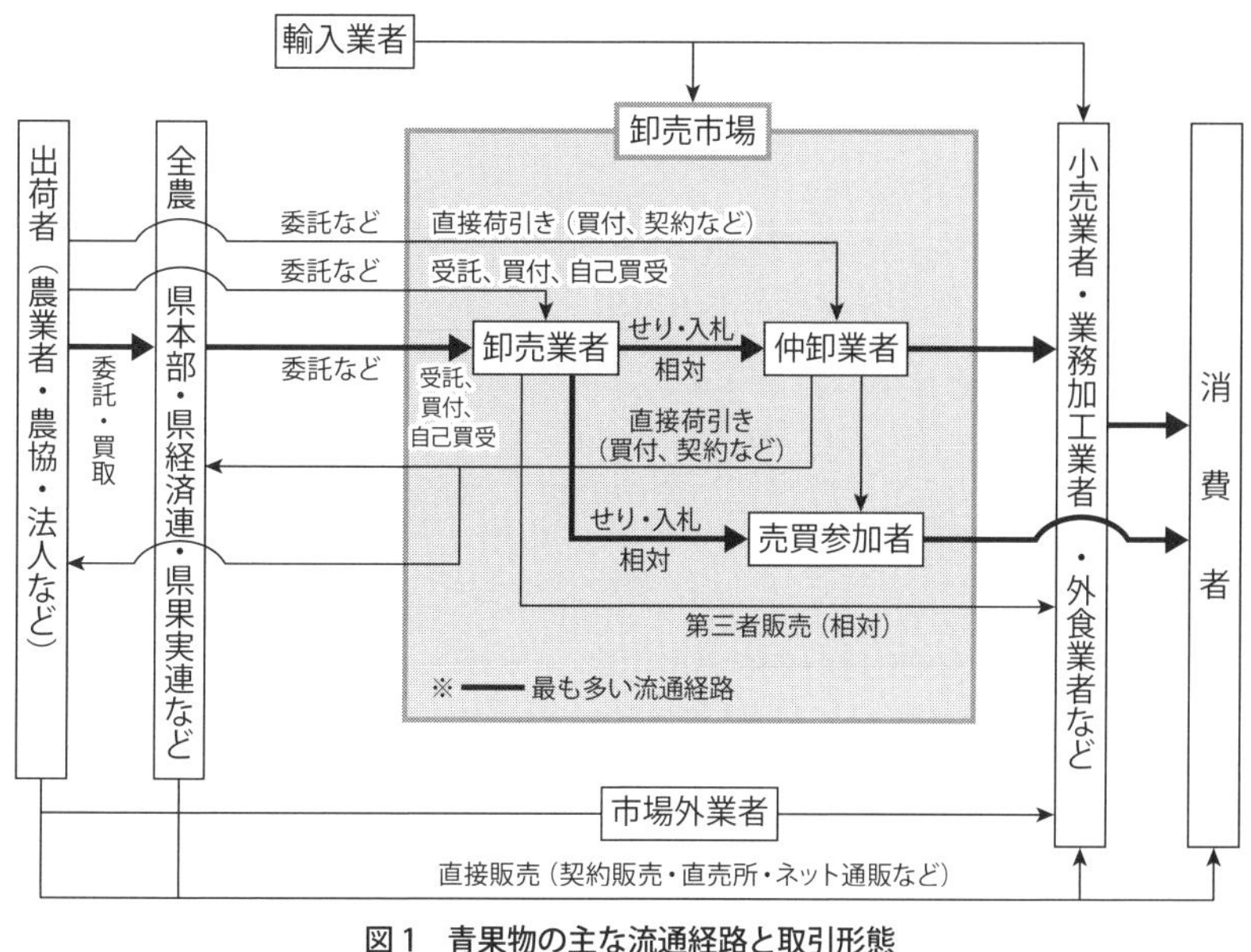

図1　青果物の主な流通経路と取引形態

注：売買参加者とは、卸売業者から販売を受ける権利を持つ小売業者ら
出所：農水省の資料をもとに筆者が加工・修正

年度には39%減の1兆8112億円にまで落ち込んでいる（図2）（章末表1）。このため、卸売市場の中心的な存在である卸売業者の利益の源泉ともいえる売上総利益の割合（売上総利益率）は1991年度に7・07%であったものが、2019年度には6・57%まで低下した。また、本業の儲けを表す営業利益率も0・50%（1991年度）からマイナス0・01%（2019年度）まで大幅に落ち込んでいる。卸売業者の営業赤字の割合は2019年度で全体の63・2%、経常赤字は36・8%に達した。ただ、2020年度については「コロナ禍」による〝巣ごもり需要〟の増加で一時的に収支が改善したが、2021年度は業界団体の発表によれば取扱金額が2018年度より減少した。このため、2021年度の売上総利益率や営業赤字の割合は2018年

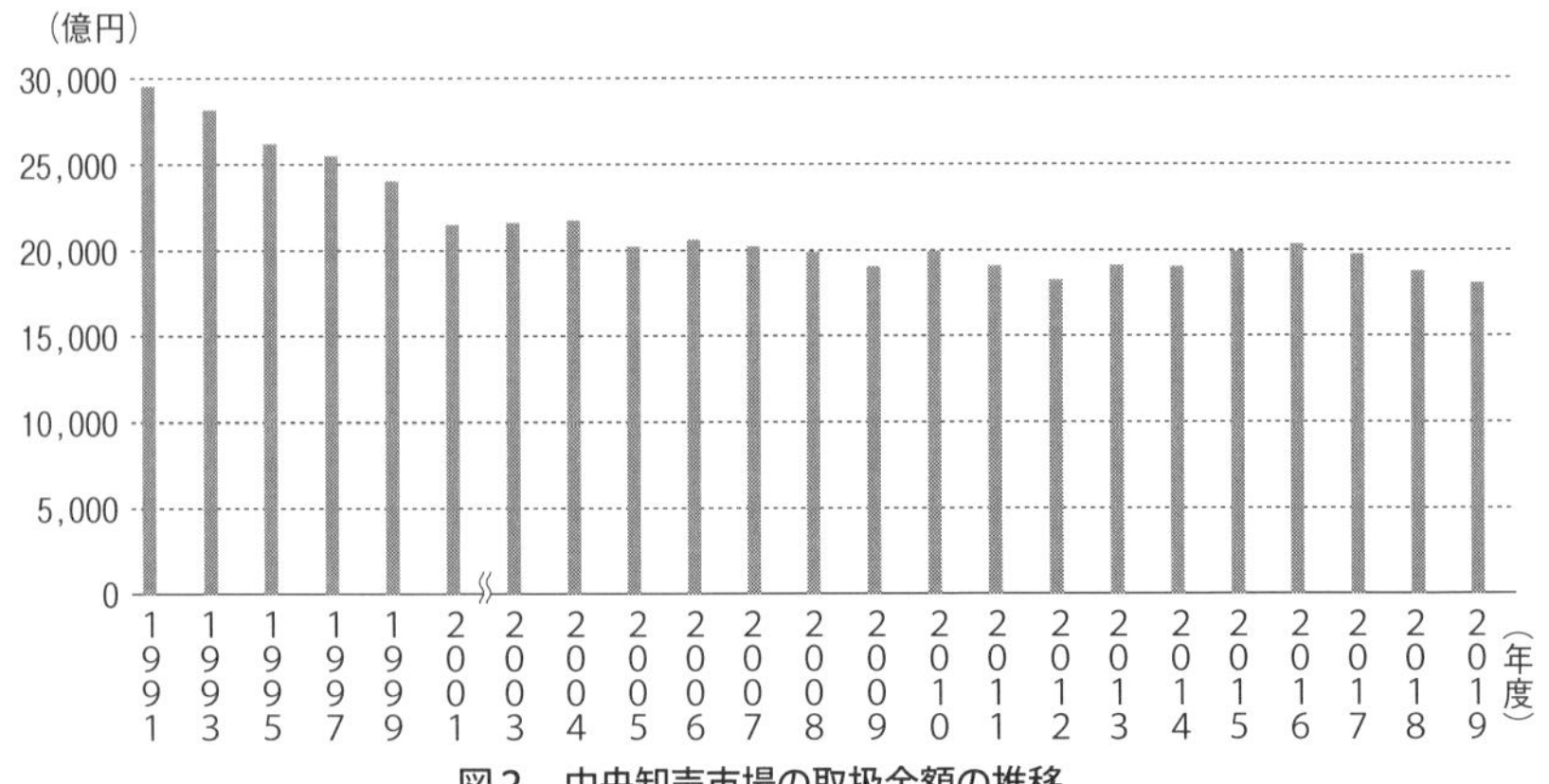

図２　中央卸売市場の取扱金額の推移

出所：農水省「卸売市場データ集」をもとに筆者作成

度並みかそれより悪化する見通しである。卸売業者の財務は依然として厳しい状況にあることに変わりはない。

財務悪化の基点となったのは２００１年度である。売上総利益率は１９９０年代とほぼ変わらないものの、販売管理費比率が７％台にまで膨れた。表には出ていないが定率の手数料が入る受託割合が減少して、その代わりに当時、法的には「自己計算に基づく」ものしか容認されていなかった買付集荷が増えたためである。産地が出す希望価格（指値）を実現するため受託品の付け替え処理として「買付」を帳簿上使っていたことが数値として表れ始めた年度である。ただ、実質的には１９９０年代後半から徐々にその傾向が表れていたため、農水省は１９９９年改正で卸売業者の「財務指導基準」を示して業者に注意を喚起していたのが実態である。本業だけでは立ちいかなくなったと考えた卸売業者の中には、この間に他業種・業態の子会社を本業の卸売業者とホールディングス（ＨＤ＝持ち株会社）化して、企業としての財務の体裁を整えるところが出たほどである。しかし、デベロッパー（開発業者）やカット野菜などの企業と並べて卸売業者を傘下にしたＨＤ方式をとったとしても、本業の卸売業の財務が相乗効果によって好転するか否かが卸売市場の今後を考える際に重要になる。カット野菜など加工業務では、小売業者らが求めている野菜を自社の卸売業者から調達できなければ、たとえ納める価格に見合わなくても他社から取り寄せなければならず、かえって財務の首を絞める結果になりかねない。そうした事例は数多くあり、単にＨＤ化すればことが済むわけではない。また、本業が衰退して他事業でＨＤの財務が安定化しても、それは卸売市場の役割や機能を維持・強化させるものとはいえない。

一方、仲卸業者は入荷量の減少、大規模小売業者（スーパーなど）との関係で、まさに「存亡の危機」にある。財務諸表を毎年公開している東京都の実態でみてみよう。驚くべきは**仲卸業者の数の減少**である。青果物を扱う業者は１９８９年（平成元年＝「バブル経済」最終期）に５０２社（法人４５９社、個人43社）あったが、最新の統計（２０２０年）によると３２４社（法人３２３社、個人１社）になった（図３）。４割弱の業者が廃業などで市場から退場したことになる。しかし、それでも２０２０年の経常赤字は全体の40・5％、債務超過は同31％に及んでいる（章末表２）。東京都が示す仲卸業者の３つの財務指導基準（①流動比率１００％以下②自己資本比率10％以下③３年連続の経常損失が生じる）に照らすと青果物を扱う業者の１０５

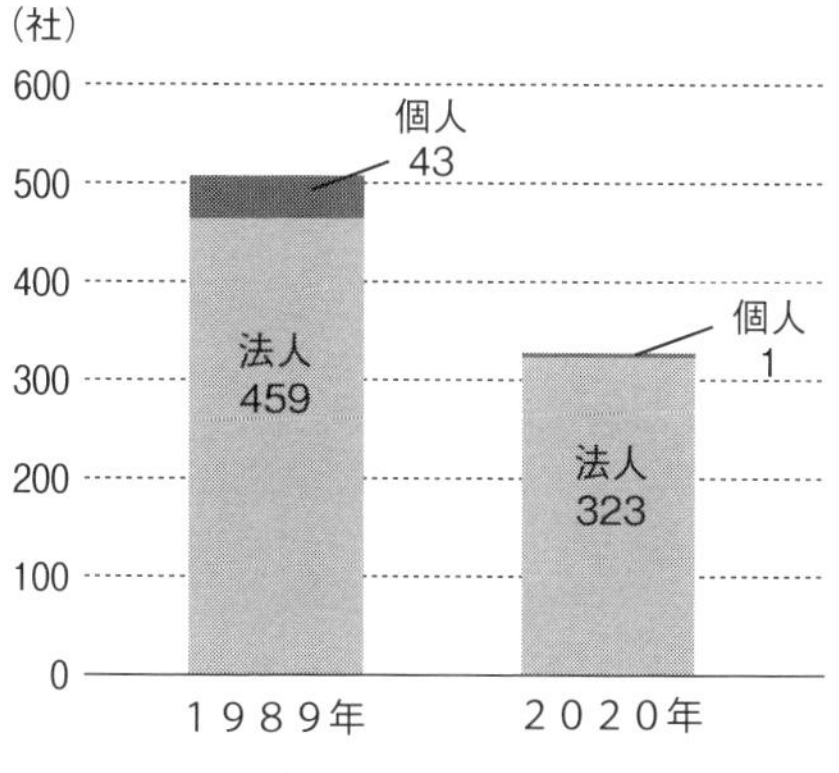

（社）
600
500
400
300
200
100
0
個人 43
法人 459
個人 1
法人 323
１９８９年
２０２０年

図３　青果物を扱う仲卸業者の数の推移
出所：東京都の資料をもとに筆者作成

業者が指導基準以下の数値になっているのが現状である（章末表3）。卸売市場の入荷量が減ったことで零細な仲卸業者に「ほしい荷」が回らなくなったことが要因の一つといえようが、それ以上にスーパーなどとの代金決済や売値圧力の問題が大きい。代金決済についてみれば、売掛債権回転期間（売上金の回収期間）が約15日、卸売業者への買掛債務回転期間（仕入れ代金の支払い期間）約11日であり、この約4日間の空白を借入金や仕入れ代金の先送りなどで調整しており、典型的な〝自転車操業〟となっている。ちなみに、借入金比率は2020年で36％である。

仲卸業者の財務がここまで厳しいのは、卸売市場で形成される相場の仕組みにも問題がある、という指摘がある。全国でも有数のキャベツ産地の話では、圧倒的な出荷量のシェアで相場コントロールができるにもかかわらず、デフレスパイラルが本格化した2002年ごろから**事前販売**（前売り販売＝予約相対取引）の拡大によって「川下主導の価格形成になった」という。[3] 確かに、農林水産政策研究所の調べによると、スーパーなど大規模小売店の売価は「仕入れ価格に準拠する」が全体の44％を占める一方、「店舗の客層」は21％、「競合店舗の動向」は14％、「仕入れ価格の変動にかかわらず一定期間固定」は14％であった。[4] 相場にマージンを上乗せして納めたい仲卸業者にとって、卸売市場で価格形成された要因以外によって売価を決められてしまえば、当然その差額は仲卸業者への圧力（優越的な地位の濫用のような行為）となって表れたり、その後の取引も可能な限り売価を優先することが考えられ、財務への圧迫は想像以上に大きいといっていいだろう。

卸売業者・仲卸業者の財務悪化は、出荷者・農協の指値との関連もあるので後述するとして、まず

入荷量の減少はどうしてここまで進んできたのか考えてみたい。農水省の食料需給表をもとに1人1年当たりの野菜の供給数量をみると、1998年に100kgだったものが2018年には90kgまで減っている。年によって増減があるものの、右肩下がりの減少は「バブル経済」の時代から一貫している。厚生労働省の国民健康・栄養調査（2019年、国民1人当たりの野菜摂取目標量は350グラム）によると、その特徴がよくわかる。若年・中年層世代（50歳未満）の摂取量は1日230〜260グラムであり、50歳以上の280〜320グラムより大幅に少ない。ともに摂取目標量には届かず、若年・中年層世代が野菜を食べていない実態が顕著である。野菜全体の供給・消費量が減る原因としてよく指摘されるのは、食生活の変化である。「生鮮食品を購入して家庭で調理する」ことが以前より少なくなる一方で、冷凍食品などの加工食品を使ったり、総菜など既に調理された商品を購入して家庭に持ち帰る中食需要が増えたりしている。

家計での生鮮食品の需要が減り、代わって業務・加工用の需要が増加しているのである。外食や中食、冷凍食品向けに使われる野菜は1990年が51%であったが、2015年は57%まで拡がった（図4）。品目別にみると、ニンジン、ネギの64%を筆頭に、トマト、ダイコンも6割を超し、タマネギ（59%）、レタス（同）、サトイモ（58%）、ホウレンソウ（54%）、キャベツ（52%）、ハクサイ（52%）の6品目が5割超となっており、キュウリ、ナス、ピーマンも4割を超している。内訳を2015年でみると、13品目合計の加工原料用野菜は35%、業務用は22%と加工原料用が多いが、特にレタスでは43%が、ダイコンでは35%が、タマネギでは36%が、キャベツでは34%が、それぞれ加工原料用として利用されている。[5]

また、果実も生鮮品の購入数量が年々減少している。総務省の家計調査(図5)によれば、年間の世帯(2人世帯以上)当たり購入数量は2000年が103kgであったが、2010年には85kgにまで減った。最新の2021年は「コロナ禍」による「在宅勤務」で素材を買って家庭で食する時間が増加したことから71・3kgにとどまったが、過去20年間をみれば3割も減少した。「健康食品」として人気のバナナを除き、リンゴ、ミカンなど主だった果実は軒並み3~5割も減っている。加工食品も同様で、スイーツ類などで一部では増えているものの、全体としては減少傾向にある。国民健康・栄養調査(図6)によると、2007~2009年の果実類の平均摂取量が1人1日当たり114グラムであるのに対して10年後の2017~2019年は99グラムと13%減少した。世代別では30~39歳が最も少なく50グラムで過去10年比24%減、次いで20~29歳が54グラムで同27%減と比較的若年層の摂取量が少ないが、過去10年の減少幅でみると50~59歳が123グラムから74グラムへと40%の大幅減であった。

野菜や果実の消費量の減少は、「手ごろな価格ではない」「手間がかかる」「日持ちしない」などいろいろな要因があるが、総合的にみれば①人口の減少と少子高齢化に伴う世帯人員の減少②単身世帯、共稼ぎ世帯の増加③世帯当たり年間所得の落ち込み④簡便性を求める生活スタイルの変化――などが挙げられる。しかし、消費減の原因の中には対応できるものが多くあり、消費者の生活スタイルの変化に即したり、それらを是正したりする策を市場業者がとることで卸売市場が青果物流通の中核的としての存在価値を発揮できることも少なくない。

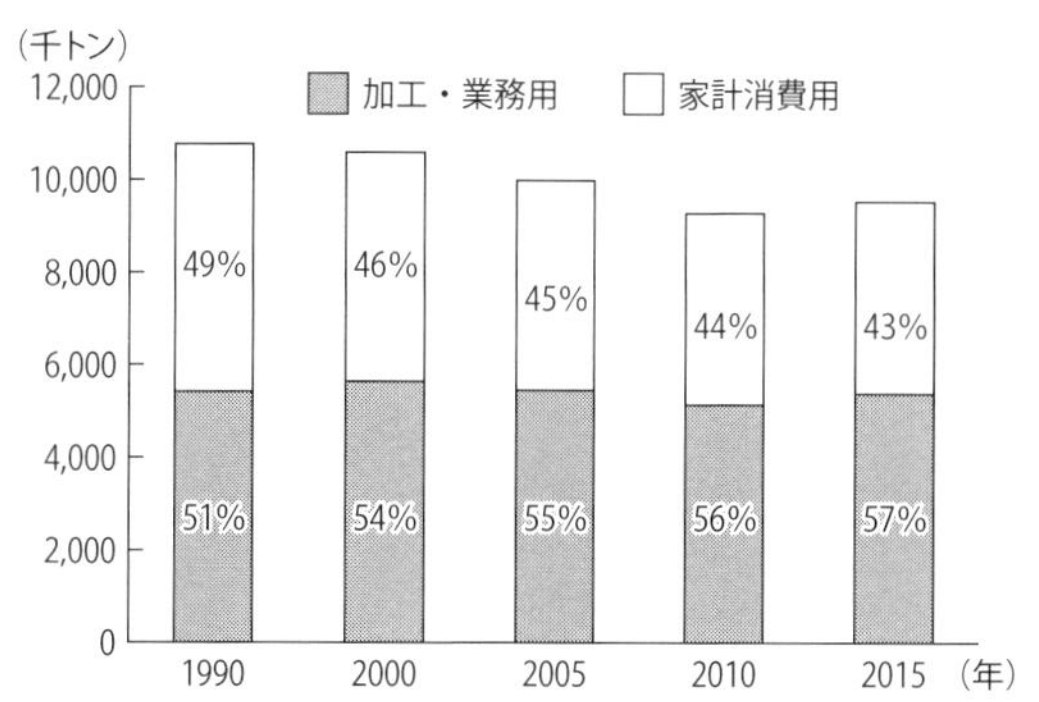

図4　加工・業務用野菜及び家計消費用野菜の国内仕向け量の推移

出所：農林水産政策研究所

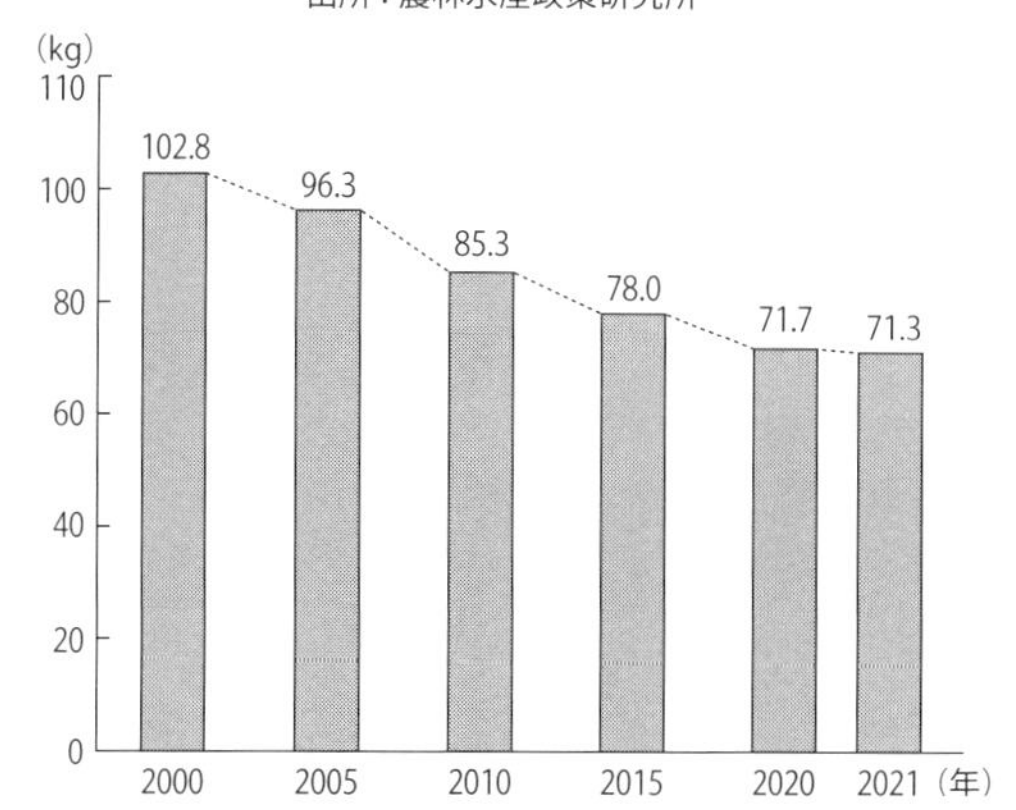

図5　生鮮果実の世帯当たり購入数量（二人世帯以上）

出所：総務省家計調査

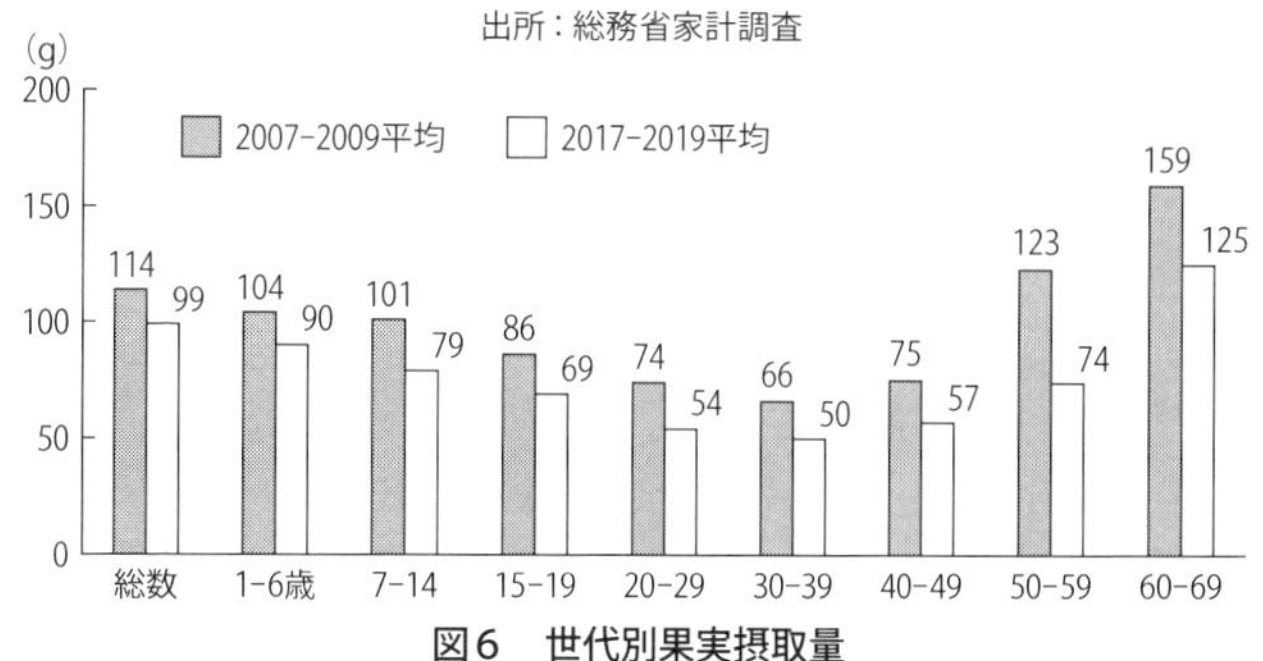

図6　世代別果実摂取量

資料：厚生労働省「国民健康・栄養調査」(2020,21年は調査中止)

注：「果実摂取量」とは、摂取した生鮮果実、果実缶詰、ジャム、果汁類の重量の合計

出所：農水省「果樹をめぐる情勢」

野菜でいえば、増加している業務・加工需要に利用される野菜の7割近くは国産である。しかし、それらは主に卸売市場を通さない「市場外流通」で担われている。野菜の場合、輸入品の大半も市場外で流通していることを考えると、業務・加工需要をいかに卸売市場に取り込むかが入荷量を増やす一つの方策であるといえよう。ただ、卸売業者・仲卸業者はスーパーなど小売業者を販売対象とした従来型の商売が圧倒的であり、外食や中食を担う業務・加工業者に積極的にアプローチする社内組織を整えている業者が少ない。業務・加工業者の調達行動は、年間を通して一定の品質のものを一定の価格で納入する、いわゆる「定時・定量・定品質・定価格」が条件であり、作柄によって相場が左右される卸売市場流通では厳しいことではある。また、年間を通して同一品目を産地リレーで出荷する仕組みを市場業者が整えるのも、卸売市場の未成熟なネットワークでは難しい課題であろう。

しかし、安定した価格で売り込みたい産地があるのも事実であり、卸売業者と仲卸業者の連携、他市場の卸売業者間の連携で**リレー出荷態勢**を構築しようとすればできないことではない。市場業者が従来型の卸売業者、仲卸業者の枠にとどまりこれらを克服する取り組みをしない限り、業務・加工需要を卸売市場流通に取り込んでいくことは不可能である。また、簡便性に流される消費者の食生活が、果たしてこのままでいいのか、健康を維持・増進させるために生鮮素材を家庭で消費者が調理する食生活にいかに誘導していくのかも、卸売市場の役割から考えれば市場業者の課題であろう。市場の入荷量を増やす一つの道として指摘できるのは、これらの課題をどう乗り越えていくか探り、実践し、失敗したら検証し、その結果再び実行していくという姿勢を卸売市場の関係者が一丸となって志向していくことであろう。

また、野菜・果実で特に指摘したいのは、いわゆる「規格外」といわれてきた商品の見直しである。果実でいえば、ニュージーランドから輸入されるリンゴは、日本では「規格外」と称される「小玉」が圧倒的に多い。輸入が解禁されたのは１９９３年6月であるが、当時は17%という高関税で対日輸出量は１０００トン台であり、多くても２０００トン台でしかなかった。４月から８月が販売期間でスーパーなどでは商材の少ない時期でもあったが、「小玉の割には価格が高い」と敬遠されていた。しかし、ＴＰＰ（環太平洋経済連携協定）の発効（２０１８年12月）する前年から様相が一変した。協定によって「25%の関税削減」が実現するとあって、ニュージーランドは２０１７年にトライアルで対日輸出を増加させ、４３００トンの実績を挙げた。以降、輸入リンゴはすっかり定着し、２０１９年は約４８００トン、20年は７４００トン台まで拡大した。２０２１年は現地での「ひょう害・大雨」で15%減産が確実となったにもかかわらず、８２００トンを超えた対日輸出量となった[6]。

食べてみればわかる。確かに「小玉」ではあるが、価格は1個60~80円と買いやすく、硬度がしっかりして「しゃきしゃき感」があり、この時期に出回る貯蔵物の国産リンゴの価格高や水分が抜けた「ぼけ感」からすれば数段上といえる。「小玉だから売れない」というこれまでの国産産地に植え付けられてきた流通業者の既成概念を、産地ももう払拭していいのではないか。輸入リンゴの売れ行きをみて、ようやく、２０２１年産から国産でも「小玉」が出始めた。８月末から始まる中生種「紅ロマン」がスーパーの店頭に並び、輸入リンゴよりやや大きいものが４個詰め１パック５５０円で売られ始めた。買ってみたが、色付きはまずまず、「しゃきしゃき感」があり、さらにリンゴの最も優れた特性の一つである「香り」があった。小売店の店長に聞くと、「輸入リンゴと違い赤が鮮明で、価格も値ごろ感がある。『小玉だから』といった消費者の忌避感はない」という。

卸売業者は農協や仲卸業者と手を組み、スーパーなど小売業者に「小玉リンゴ」を品ぞろえの一つにするよう販売促進に取り組み、これまで非常識であった流通の既成概念を「常識」に変えていく努力をすべき時代に入ったと認識すべきではないか。

市場業者の財務の課題　②出荷者による指値

市場業者の財務の悪化は、入荷量の減少によるものばかりではない。出荷者である農協との関係にも問題が潜んでいる。卸売市場への出荷者をみると、中央卸売市場の場合、6割が系統農協である。産地の出荷業者（商系）も10％前後あるが、大都市の規模の大きな卸売業者ほど系統農協からの集荷が多い[7]。それだけに農協や県本部・県連との取引は卸売業者にとって重要である。その証しといえるのが、1品目10億円程度の生産規模を持つ農協の生産出荷会議に主な卸売業者は必ずといっていいほど担当者を〝手弁当〟で派遣することである。県段階の系統農協の会議ともなれば全国から50～60社が常に参加する。お呼びがかかったら出席しなければ出荷対象から外されることになるだけに、どんなに遠方でも駆けつけるのが通例である。

こうした会議で筆者は何度も講演したことがあるが、形の上では「今年の商品もよろしくお願いし

写真1　東京・大田市場での個選物のせり
せりは現在でも個選物や希少価値の高い果実などで行われている
出所：筆者撮影

ます」というのが系統農協である。だが、卸売業者は系統農協から少しでも多くの量を出してもらおうと平身低頭の場合が圧倒的に多い。実は、この「地位」のありようが実際の取引にも影響を与えている。相場の形成に際して、実勢価格とはかけ離れた価格を農協が卸売業者に求めることが少なくなく、その乖離が卸売業者の財務に大きな影響を与えているのである。

特に、1923年に施行された中央卸売市場法以降、原則であった「せり・入札」（写真1）の取引方法に、「相対（あいたい）」取引が加わった1999年の法改正が一つ引き金になった。「相場はせりで決まる。産地はかかわりようがない」が通説であったが、「相対」、つまり話し合いによって相場が決められるとなると様相が変わってきた。卸売市場では出荷者の「販売代理人」に位置付けられる卸売業者に向かって、「このくらいの売値でないと再生産は不可能」などと農協はいえるようになった。

「相対」が原則に加わった背景には、1980年代半ばから農協の合併と、スーパーなどの登場で産地や小売業者の大型化が進んだことがある。卸売市場でも従来の「せり・入札」の取引では迅速かつ十分に対応できないことから、「せり時間前販売」の名目で「先取り」という「相対」取引が幅を利かせていた。[8] 1999年の法改正で「相対」が正式に認知されたことで、これまでの「せり・入札」原則では価格形成に口をはさめなかった（実は「先取り」が潜行していた時代から、一部の系統農協は価格形成に積極的に関与していた）系統農協は、話し合いで価格を決める「相対」取引で出荷者としての優位性を発揮し始めた。その一方で、仲卸業者も大量の商品を仕入れるスーパーなどとの取引が多くなるなかで、売価（小売価格）に引っ張られる価格を飲まざるを得ない状況が生まれた。卸売業者は産地の、仲卸業者はスーパーの、「圧力」にそれぞれ押される価格を受け入れざるを得ず、市場業者の財務の悪化は徐々に拡大していったのである。

卸売業者の財務の状況をみてみよう。「バブル経済」が崩壊してデフレが始まった1990年代半ば以降、産地からの受託品を巡って卸売業者と系統農協の駆け引きがし烈になった。相対取引であるから両者の話し合いが相場にも影響するが、実勢価格から相場を決めたい思いの卸売業者と、少しでも高く売りたい系統農協が正面からぶつかることが増えてきた。優位性があるのは野菜・果実を出荷する系統農協であり、相場から乖離した指値に卸売業者が折れざるを得なくなるケースが徐々に増えていった。しかし、相場は仲卸業者との交渉で決まる。問題が出てきたのは、指値と相場の差額を、ある時は買付品として「付け替え」、またある時は「**受託品事故損**」扱いで会計処理することで穴埋めすることが多くなった2000年度以降である。

損益計算書でみれば実態がよくみえてくる。全国の卸売市場の建値となる東京都中央卸売市場が毎年3～5月に公表する卸売業者の財務諸表（章末表4）では、売上高に対する受託品割合が2000年度77％、買付品割合が17％であり、受託品事故損率も0・12％であった。しかし、年を追うごとに買付品割合、受託品事故損率が増え、2019年度は買付品割合が36％、受託品事故損率が0・62％に達した。買付品割合は19ポイント、受託品事故損率は0・5ポイントと、それぞれ大幅に増えたのである。買付利益率は5％前後でないと実質的な「営業赤字」となるといわれており、その推移をみればわかるが買付品が増えれば増えるほど営業利益率が落ち込む状況にある。また、受託品事故損率は近年、営業利益率を上回っており、売上総利益率は2019年度で6・85％であってもこのうちから販売管理費の市場使用料、出荷・完納奨励金を差し引いた「真水（実質的な利益）」でみれば4・65％であり、このレベルが2016年度以降続いている。**卸売業者の財務を圧迫する最大の要因の一つは買付品割合の上昇**といえる。ただ、2020年度の数値はこれまでとは異なった。買付品割合が37％台とこれまでより大幅に上がり、受託品事故損率が逆に2013年度並みの0・3％台へ低下した。これは改正法で認められた卸売業者による受託品の「自己買受」を、会計処理で買付品に付け替えたことなどが起因しているとみられ、財務の構造的な問題が根本的に解決されたわけではない。

自己の計算に基づく「買付」が2004年の法改正で自由化されたことを機に卸売業者が積極的に

買付行為に走る事例がないわけではないし、卸売市場での盗難、到着時の損耗品などの「事故品」が全くないとはいえない。しかし、ここまで増えればそれ以外の要因を考えるべきであり、卸売業者自身も指値との関係を認めている。卸売業者は受託品であれば受託手数料として野菜8・5%、果実7・0%が入るため野菜や果実を受託したいし、系統農協も卸売業者に委託品を出せば出荷奨励金（東京都の場合は卸売価格の1000分の10）がキックバックされる。両者とも受・委託品で取引をすることにメリットを感じているが、現状では両者の力関係からみれば卸売業者の利が小さく、財務への影響は大きい。しかし、卸売業者がそれでも受託品にこだわるのは指値の厳しい農協の青果物ほど仲卸業者やスーパーなど小売業者から品ぞろえを求められる商品が多いため、仕方なく要求に応えているのである。しかし、農協や県本部・県連の指値に添った受託価格を示したとしても、中小規模の卸売業者においては売り先にスーパーなど大規模小売業者を抱えていないところは、消費情報がとれないと指定市場・卸売業者から外されたり、指定されていても商品の受託ができなかったりするところもあり、両者の関係は複雑である。

　卸売業者の財務は、こうした系統農協との駆け引きで2001年度から年々悪化し、2019年度は全国的にみれば全体の6割が営業赤字に転落したのは前述した通りだが、長年の赤字体質から抜け切れないため内部留保（利益剰余金）が売上高トップの卸売業者（約300億円）を除けば1社平均で10億円前後にとどまっている。[9] 問題は、まだある。改正卸売市場法で公認された「**自己買受**」（仲卸業者らに販売すべき受託品を卸売業者自らが買い受ける行為）が2020年度から始まった。分類からいえば対象は受託品になるため指値を自己買受で処理しようとすれば手数料率（「自己買受」なので利益率ともいえる）が低下する。既に、２０２０年度決算において自己買受を行うことで受託品手数料率が従来に比べ下がった事例が散見される。[10] 損益計算書など帳簿上の問題だけで安易に自己買受が実行されれば、「受託」と「買付」の区別がつかず、その管理も目の行き届かないものになる可能性があり、結果的に卸売業者の財務を一層悪化させる材料になりかねない。自己買受は、ある意味で自爆行為であり、改正法前まで禁止されていたのは卸売業者としての本分から外れる行為だからである。

相場（価格形成）の歪みと小売価格

卸売市場で形成される相場は、日々の動向がたとえ恣意的に流れても長い目でみれば実勢価格に落ち着く、といっていい。ただ、野菜の場合は季節によって産地が変わり、果実の場合は産地移動と個々の品目の販売期間が一部を除いて短期間で終わるため、産地としてはどうしても日々の売値設定に十分注意しなければならないことになる。卸売業者と農協との立ち位置の違いは、仲卸業者と小売業者、特にスーパーなど大型小売業者との取引でもみられる。本来であれば、卸売業者は出荷者である系統農協などの販売代理人であり、仲卸業者は大型小売業者などの購買代理人であるから、両者の利害が対立しながらも、毎日の取引では需給実勢に基づいて公正・公平な価格形成をするのが卸売市場である。しかし、現在の価格形成、相場作りは長い目でみれば実勢価格になっているものの、短期的には市場業者に産地と小売業者の〝せめぎ合い〟の結果の負担を担わせることになっているといってもいいだろう。

野菜・果実の取引価格（相場）が、小売価格（売価）にスライドして推移しなくなり始めたのは1990年代半ばからである。「バブル崩壊」による消費の低迷とデフレスパイラルが、小売業者にとって経営上で大きな問題になったことをきっかけに、スーパーはマージン（売値と原価の差額）率をどの程度に設定するかに腐心し始めた。農水省の農林水産政策研究所が2003年にまとめた調査によると、卸売価格（相場）と小売業者のマージン率は、果実では1990年代初めまでほぼ並行で推移していたが、半ば以降「負の相関」が明らかになってきた、という。[11] 卸売価格が上がるとマージン率は下がり、卸売価格が下がるとマージン率が上がるといった具合である。大規模小売業者は、これによって小売価格を消費者が「買いやすい価格帯＝値ごろ感」にして、売り上げを落とさないようにしたり、維持したり、上げたりしていく手法をとっている。また、商品の形態、例えば「パック」や「ばら」売りなどによってもマージン率は変更され、ばら売りほどマージン率が高くなる傾向にある。

大規模小売業者の売価設定は今日でもほぼこうした手法がとられているが、2000年代に入るとさらに細かなマージン率の設定が広範囲に実施されるようになった。それまで野菜・果実の品目ごと単独で設定していた仕組みから、野菜全体あるいは果実も含めた青果物全体で、さらには米や肉、鮮魚などを含めた生鮮品全体でマージン率を管理して店舗の売り上げ、マージンの向上につなげる「値入れミックス（マージンミックス）」が行われるようになった。産地の出荷者から「相場が下がっているのに小売価格はそれに伴い下がらない」という声をよく聞くが、背景には大型小売業者の巧みな売価設定がある。

しかし、近年、問題は一層複雑になっている。デフレの長期化や消費者の所得が上がらないなかで、消費者が購入する野菜や果実の数量が小売価格の動きによって変動しなくなっている。青果物の売価がいくら安くても購入数量は一定で、逆に高ければ数量を減らし代替品の冷凍食品などに流れるのである。「価格が高ければ数量を減らし、安ければ多く買う」という弾力性が極めて乏しくなり、それが小売業者の仕入れ行動に影響を及ぼしている。具体的にいえば、日々の売れ行きから翌週の売価を設定し、それを仕入れ価格に反映させる方式とともに、数量だけを仲卸業者に発注して仕入れ価格を後付けするなどの行為で臨むスーパーが少なくない。また、仕入れ行動は従前と変わらないものの、仕入れ代金の支払い時に商品の売れ行きによって「**値引き要求**」をする小売業者もいる。いずれにしても、仲卸業者の経営が厳しくなっている要因の一つがそこにあり、卸売業者と系統農協の関係、仲卸業者と小売業者の関係は卸売市場の適正な価格形成を阻害する要因の一つといっていい。

もう一つ、気になる取引が卸売市場では起きている。価格形成は現在、せりが大幅に減少、相互の話し合いによって価格を決める相対取引が主流である。ただ、決められた時間に毎日行われるせりは一部の品目であり、例えば「アールスメロン」や「マンゴー」「ルビーロマン」などの希少価値のある特殊な品目や個選物以外は全量がせりに掛けられることはない。卸売業者が商品の見本をせり台で示し、提示した定額を仲卸業者、売買参加者が落とす取引が現在の一般的なせりであり、1品目のせり時間は数分もかからない。問題なのは、本来、せりで売れ残った品物が「**残品相対**」として取引されるが、この「残品相対」を、「残品」ではなくはじめから一定程度「前売り（せり時間前に売る手法）」扱いで取引が行われている卸売市場がある。以前は、売買参加権をもっていたスーパーのバイヤーが東京都内であれば数か所の市場内を回って「残品」商品を安価で仕入れ、安値で販売しているパターンであったが、最近は卸売業者（せり人）が売れ残りを恐れ、前日の「相対」時に「残品」を予測して小売業者に売り渡している行為である。[12] 作柄良好で出荷量が多く相場の低迷する「なやみ」期にこうした現象がよく起きていたが、せり人と買い手の相互依存の関係が強くなると作柄不良の「もがき」期にも出始めており、卸売市場の価格形成を歪める原因にもなっている。

卸売市場の最も重要な機能の一つが価格形成（相場作り）であるが、その過程で売り手や買い手の思惑が行きかい、その結果が卸売業者と仲卸業者の財務の悪化に結び付き倒産・廃業となって現れる。売り手である産地農協、買い手であるスーパーなど小売業者が今後も行き過ぎた売値か買値を求めるようなことが続けば、卸売市場の業者が寡占化していつしかはその逆襲にあうこともあり得る。そうなる前に関係者が、今後の卸売市場を取り巻く環境の変化を踏まえつつも、本来の役割・機能とあるべき姿を基本に据えた卸売市場を指向する道を選ぶべきではないか。

注

(1)東京都の「市場の活性化を考える会」は2019年7月に設置され、木立真直・中央大学商学部教授(座長)ら8人の委員で構成された。市場開設者である都は「各市場の機能や特徴等に応じた市場活性化の取り組み」など3項目について検討を依頼。2020年度中に結果をまとめるよう求めた。「考える会」は2019年12月まで11回の会議を開き、「戦略的な市場経営に向けて取り組むべき諸課題」として、ネットワーク視点に立った各市場の役割の明確化など7つの項目について提言した。都はこれを受けて、ほぼ同内容の「東京都中央卸売市場経営指針」を2021年3月にまとめ、これを受けて今後5年間の東京都中央卸売市場経営計画を2022年4月に策定した。しかし、いずれの提言・指針も市場業者の財政状況については触れていない半面、「市場の強固な財務基盤の確保」を強調するものである。策定した同計画では中央卸売市場を「全国拠点型市場」「流通業務団地型市場」「供給拠点型市場」の3つに分類し、市場型ごとに施設整備の方向性を示し、施設整備の更新面から市場の再編を進めネットワーク化を実現させ、現行の使用料体系を受益と負担の面から見直そうとしている。

(2)東京都の2019年度中央市場会計予算額の総括表。

(3)日本農業新聞2002年2月16日付け企画「デフレ下の農産物流通——第1部　産地の悲鳴」(2002年2月同紙縮刷版参照)。

(4)日本農業新聞2003年9月13日付け記事「スーパー　客層、他店の動き〝決め手〟」と同9月18日付け論説「スーパーの売価　薄れる仕入れ価格準拠」(2003年9月同紙縮刷版参照)。

(5)農林水産政策研究所の調査。主要品目の指定野菜13品目(ジャガイモを除く)について1990年から5年ごとに調べている。

(6)財務省の貿易統計。

2005	2006	2007	2008
96	93	91	90
20,299	20,685	20,294	19,960
6.97	6.90	6.88	6.83
6.73	6.66	6.65	6.60
2.29	2.83	2.86	2.85
0.23	0.24	0.23	0.23
16	12	23	28.9
29.9	30.4	31.3	32.6
24.9	21.6	20.3	18.7

2017	**2018**	2019
69	68	67
19,813	18,829	18,112
6.49	6.58	6.57
6.27	6.51	6.58
2.39	2.47	2.52
0.22	0.08	▲0.01
31.9	38.2	63.2
39.8	40.0	41.4
10.0	9.4	8.8

(7)農水省の「2020年度卸売市場データ集」。

(8)1989年5月に東京都中央卸売市場大田市場が開場してから、筆者は同市場で法的には容認されていない「先取り」の取材をしていた。1992年までの3年間で農水省や東京都が各種の方策を展開、その是正に取り組んだ記事は同年の『日本農業新聞縮刷版』を参考にしてほしい。当時、最も衝撃的であったのは「先取り価格」は「せり・入札の最高値」と開設者が決めていたが、実は「先取り価格」が「せり・入札」の価格に使われていたという真逆の事態が起きていたことである。

(9)卸売業者の全国団体である全国中央市場青果卸売協会の2019年度の経営概況などを参照。

(10)小暮宣文、月刊『農林リサーチ』(農経企画情報センター、2021年7月号)。

(11)日本農業新聞2003年8月19日付け記事「ミカンのマージン率　販売形態で差」と同解説「『負の相関』明らか」(2003年8月の同紙縮刷版参照)。

(12)東京都中央卸売市場における卸売業者らからの聞き取り調査や取材で明らかになった。

表1　中央卸売市場の卸売業者の営業指標

年　　度	1991	1993	1995	1997	**1999**	2001	2003	**2004**
卸売業者数	116	114	113	112	109	106	100	98
取扱高（億円）	29,597	28,234	26,249	25,567	24,115	21,565	21,662	21,800
売上総利益率（%）	7.07	7.19	7.07	7.17	7.08	7.13	7.10	7.03
販売管理費比率（%）	6.57	6.77	6.84	6.92	6.89	7.04	6.79	6.71
人件費比率（%）	2.61	3.08	3.16	3.10	3.08	3.10	2.86	2.78
営業利益率（%）	0.50	0.42	0.22	0.26	0.18	0.10	0.31	0.32
営業損失計上割合（%）	—	15	27	19	21	26	15	11
買付集荷割合（%）	20.5	21.1	22.2	22.9	25.2	26.1	27.7	28.8
せり・入札割合（%）	62.2	58.7	55.1	50.6	46.3	29.9	26.5	25.3

年　　度	2009	2010	2011	2012	2013	2014	2015	2016
卸売業者数	86	85	82	79	76	73	70	69
取扱高（億円）	19,102	20,032	19,132	18,295	19,178	19,104	20,001	20,404
売上総利益率（%）	6.86	6.77	6.74	6.74	6.67	6.56	6.66	6.53
販売管理費比率（%）	6.60	6.41	6.43	6.60	6.40	6.40	6.30	6.21
人件費比率（%）	2.83	2.76	2.72	2.75	2.61	2.57	2.50	2.42
営業利益率（%）	0.27	0.36	0.31	0.15	0.26	0.16	0.35	0.33
営業損失計上割合（%）	22.1	9.4	17.1	15.8	19.2	31.5	11.1	8.6
買付集荷割合（%）	33.7	34.6	35.5	36.4	37.3	38.4	38.7	39.9
せり・入札割合（%）	17.7	17.1	14.9	12.6	11.6	11.2	10.6	10.5

注：① 1991年度から2003年度までは隔年で記載。年度の黒文字は法改正があった年度
② 売上総利益率が7%を割り込んだのは2005年以前では、1981年度（6.91%）と1984年度（6.99%）の2回
③ 2019年度の経常損失割合は36.8%
出所：農水省「卸売市場データ集」

表 2　仲卸業者の財務の実態

区　　分	2015年	2016年	2017年	2018年	2019年	2020年
集計業者数（社）	301	305	300	291	273	284
営業赤字業者の割合（%）	26.91	23.93	24.67	25.43	32.60	40.49
債務超過業者の割合（%）	29.57	29.84	29.33	27.84	29.30	31.34
売上高平均（万円）	152,442	161,766	164,250	163,573	157,871	160,849
資産平均（同上）	26,199	27,854	29,600	30,952	31,499	32,820
売上総利益率（%）	12.27	12.18	12.59	12.91	13.08	12.93
営業利益率（%）	0.89	0.75	0.93	0.84	0.64	0.54
経常利益率（%）	1.06	1.00	1.10	1.05	1.01	0.82
総資本経常利益率（%）	6.18	5.83	6.10	5.54	5.09	4.04
総資本回転率（回）	5.82	5.81	5.55	5.28	5.01	4.90
売掛債権回転日数（日）	15.90	15.85	15.61	16.46	16.94	14.58
買掛債務回転日数（同上）	10.61	10.32	10.65	10.86	11.42	11.01
商品回転日数（同上）	1.97	2.11	2.07	1.84	1.79	1.72
手元流動性比率（日）	23.68	23.57	24.29	25.86	28.24	29.27
流動比率（%）	191.82	202.59	190.81	209.57	214.30	220.11
自己資本比率（%）	38.74	39.83	39.46	41.34	43.73	43.66
借入金比率（%）	37.30	37.43	37.70	37.42	34.74	36.42
金利負担率（%）	0.10	0.09	0.08	0.08	0.08	0.06

出所：東京都調べの「仲卸業者の経営状況」

表 3　財務基準抵触仲卸業者数（2020年）

抵触業者数（カッコ内は調査対象業者数）	財務基準			
	流動比率	自己資本比率	経常損失	全てに抵触
青果部など4部合計（808）408	163	366	120	51
うち青果部業者数（271）105	37	99	25	10

出所：東京都調べの「仲卸業者の経営状況」

表4　東京都中央卸売市場・青果卸売業者の財務諸表の推移

年度	2000	2004	2005	2006	2007	2008	2009	2010	2011
卸売業者（数）	13	10	9	9	9	10	10	10	10
売上高（百万円）	606,515	572,726	507,898	527,667	525,227	527,380	515,774	537,668	523,913
受託品割合	76.56	70.75	68.20	68.08	66.98	64.77	64.01	63.42	62.51
買付品割合	16.77	21.83	24.05	25.06	26.38	28.66	29.69	30.40	31.62
手数料率	7.97	8.02	8.00	8.00	8.03	8.04	8.04	8.08	8.08
買付利益率	4.10	4.44	4.41	4.24	4.49	4.30	4.31	4.59	4.50
売上総利益率	7.38	7.34	7.28	7.16	7.21	7.09	7.00	7.06	6.99
売上高販売管理費比率	7.05	6.89	6.82	6.84	6.77	6.67	6.61	6.49	6.49
人件費比率	3.00	2.55	2.75	2.73	2.87	2.81	2.81	2.77	2.73
受託品事故損率	0.12	0.20	0.22	0.26	0.25	0.27	0.27	0.25	0.29
営業利益率	0.33	0.46	0.45	0.32	0.44	0.42	0.39	0.57	0.51
経常損失数	―	―	0	1	2	3	1	1	0
特別損失（百万円）	4,408	204	2,588	125	498	183	179	1,527	2,599
当期純益（百万円）	1,300	3,066	306	1,602	1,399	1,479	1,333	1,966	1,709

年度	2012	2013	2014	2015	2016	2017	2018	2019	2020
卸売業者（数）	10	10	10	10	10	10	10	10	10
売上高（百万円）	506,910	534,754	530,723	558,357	576,960	566,746	537,379	523,391	537,381
受託品割合	62.02	62.07	61.37	61.67	60.84	60.97	60.84	59.58	58.36
買付品割合	32.45	32.69	33.36	33.42	33.88	33.78	34.27	35.74	37.19
手数料率	8.08	8.11	8.10	8.11	8.11	8.10	8.10	8.10	8.09
買付利益率	4.22	4.31	4.17	4.33	4.18	4.14	4.31	4.42	4.86
売上総利益率	6.89	6.78	6.87	6.94	6.85	6.81	6.85	6.85	6.95
売上高販売管理費比率	6.53	6.33	6.51	6.44	6.34	6.41	6.83	6.71	6.34
人件費比率	2.67	2.47	2.57	2.48	2.39	2.40	2.48	2.52	2.52
受託品事故損率	0.36	0.37	0.45	0.49	0.48	0.55	0.77	0.62	0.39
営業利益率	0.36	0.45	0.37	0.50	0.51	0.40	0.02	0.14	0.61
経常損失数	2	1	1	1	0	4	6	―	―
特別損失（百万円）	2,141	1,207	699	72	143	478	463	731	72
当期純益（百万円）	1,873	1,008	969	2,369	2,438	2,131	1,332	686	3,155

注：①売上高は兼業収入を含む。2000、2004年度は消費税込み
②割合（%）は小数点以下3桁を四捨五入
③2004年度は買付集荷自由化年度
④事故損率参考＝1999年度0.11%、2000年度＝0.12%

年度	1989	1990	1991	1992	1993	1994	1995	1996
売上総利益率の推移	7.53	7.58	7.57	7.59	7.71	7.62	7.57	7.52

1997	1998	1999	2000	2001	2002	2003	2004
7.57	7.50	7.38	7.38	7.70	7.44	7.41	7.34

出所：「東京都中央卸売市場卸売業者総合財務諸表」などより作成

第2章 農協の経営はどうなっているのか

農協の販売事業の現状

農業者ら組合員が出資して信用、共済、経済（販売・購買）事業を展開する、いわゆる総合農協は全国に約600ある。損益の状況を農水省の農業協同組合及び同連合会一斉調査（以下、総合農協一斉調査）でみると、2020事業年度は全体の約8%が損失金発生（赤字経営）農協であり、取り巻く環境の変化を考慮すればその割合は着実に増えることが予想される。事業別にみていくと、約600農協の信用・共済事業の事業利益（企業の営業利益とほぼ同じ）は前年度より落ち込んでいるものの、経常利益、税引前当期純利益はいずれも黒字である。しかし、経済事業については事業総利益は前年度割れを免れたが、事業利益、経常利益、税引前当期純利益の3項目とも赤字になっている[1]。このうち税引前当期純利益を1農協当たりでみると、信用事業は約3億9000万円の、共済事業は約2億3000万円の、それぞれ黒字であるが、経済事業は約2億7000万円の赤字になる（図1）。**経済事業が赤字**の農協は全国で約8割にのぼるが、この点を政府の規制改革推進会議は発足当初から「農協改革」での最大の問題と位置付けており、「農協は農業者の組織であり、経済事業はその柱でありながら、信用・共済事業の黒字で経済事業の赤字を補填していることでいいのであろうか」といった問題意識が、同

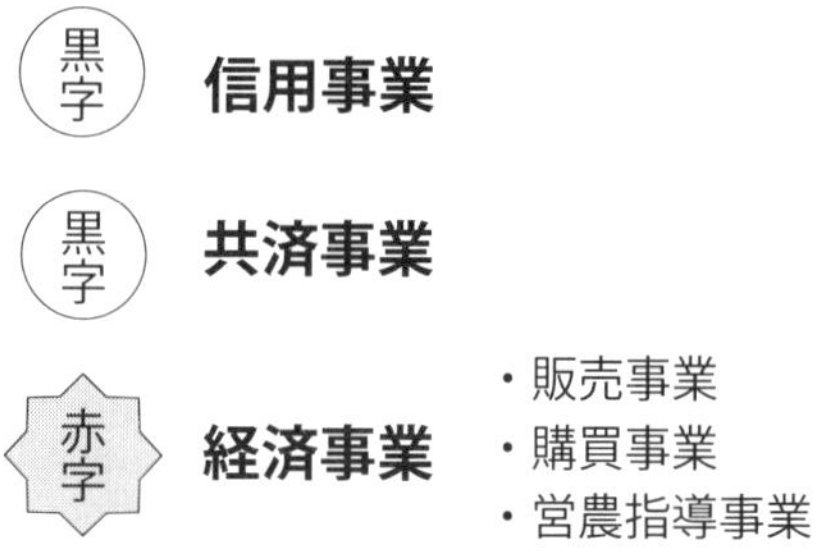

黒字 共済事業

・販売事業
・購買事業
・営農指導事業

図1　総合農協の事業
出所：筆者作成

会議の多くの委員の一貫した考え方である。[2]

経済事業が赤字になる原因はどこにあるのか。同事業には農畜産物を販売する「販売事業」、営農・生活などで使う商品を組合員のために購入する「購買事業」、組合員の営農を指導する「営農指導事業」などがあるが、そもそも「営農指導事業」は事業といいながら農業者への指導は無償である。問題を広げてしまうので多くは記述しないが、「指導事業」を有償化する道がないわけではない。販売事業との連携によって、販売先の要望に応えた商品を作るため営農指導員の力を発揮することで販売手数料＋αが「指導事業」の有償化へ導く方策の一つである。経理上には上げていないが、販売手数料の上乗せで実質的に「指導事業」の有償化と同様な効果を上げている農協が既にある。

ただ、本章では主に、事業の中軸である販売事業のうち野菜や果実の販売に焦点を当て**赤字の原因**を考えてみたい。約600農協の2020事業年度における野菜の販売金額は1兆2952億1000万円（1農協当たりは約22億円）、果実は4169億5000万円（同約7・1億円）[3]であり、商系（産地にある民間の仲介業者）、

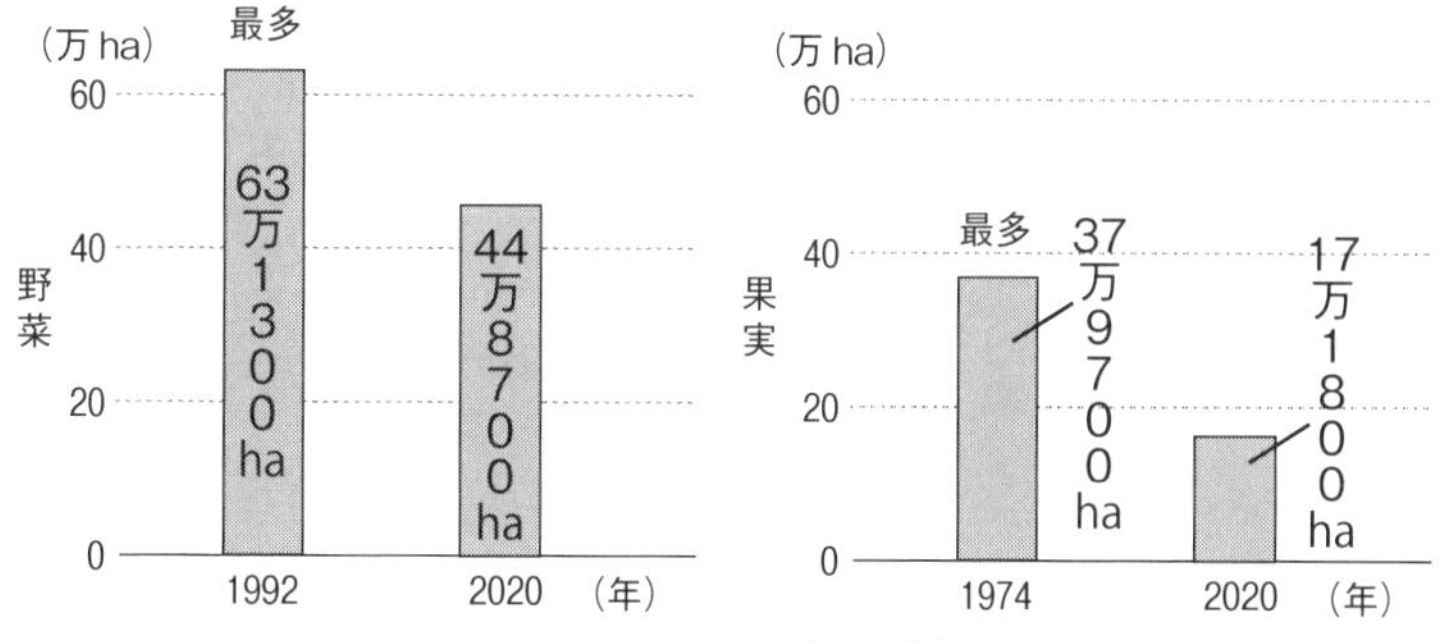

図2　作付・結果樹面積の減少が止まらない
出所：注（4）をもとに筆者作成

農業者が組織する出荷組合に農産物を預ける農業者もいるが、8割以上の青果物は農協に集荷され、その大部分が卸売市場に出荷されているのが現状である。

販売金額は総じてみれば年々減少傾向にある（次頁表1）。農業の担い手不足と高齢化で栽培面積・結果樹面積が減少し、生産・出荷量が落ち込んでいることが大きな要因である。主要野菜でみると、作付面積が最多だったのは1992年の63万1300haであり、以降は年々減少が続き2020年は44万8700haと、実に29％も落ち込んだ。主要果実はさらに減少幅が大きい。最多は1974年の37万9700haだが、2020年は17万1800haと55％も減少した[4]（図2）。

作付面積・結果樹面積が大幅に落ち込んだのは、青果物の相場が大きく下落した結果、担い手やその後継者が「農業では食べていけない」と判断したからである。特に、永年作物である果実は老木などを改植するのを機に辞めていく農業者が多く、今後もこの傾向は続くとみられる。卸売価額の推移を農水省の青果物卸売市場調査報告でみると、野菜の作付面積が最多であった1992

表1　農協の品目別の販売金額の推移

品目・事業年度	取扱金額（A）	買取販売	系統利用高（B）	系統利用率（B／A）
野菜				
2013	1,284,743,663(103.2)		1,099,909,339(104.8)	85.6
14	1,275,967,225(99.3)		1,082,097,092(98.4)	84.8
15	1,368,446,894(107.2)	21,208,810(—)	1,163,268,596(107.5)	85
16	1,400,204,104(102.3)	19,276,272(91.0)	1,193,523,971(102.6)	85.2
17	1,356,211,181(96.9)	24,669,210(128.0)	1,159,371,332(97.1)	85.5
18	1,310,342,150(96.6)	25,410,836(103.0)	1,131,519,709(97.6)	86.4
19	1,260,192,143(96.2)	23,252,479(91.5)	1,079,293,848(95.4)	85.6
20	1,295,210,214(102.8)	28,304,848(121.7)	1,104,950,763(102.4)	85.3
果実				
2013	412,454,890(101.8)		360,515,129(102.4)	87.4
14	396,282,086(96.1)		349,844,403(97.0)	88.3
15	412,769,466(104.2)	4,625,853(—)	367,215,051(105.0)	89
16	428,068,920(103.7)	4,974,872(107.5)	379,160,723(103.3)	88.6
17	428,720,707(100.2)	6,008,904(120.8)	379,319,941(100.0)	88.5
18	421,024,279(98.2)	6,349,613(105.7)	380,045,206(100.2)	90.3
19	417,308,750(99.1)	5,300,520(83.5)	373,344,737(98.2)	89.5
20	416,945,573(99.9)	5,151,520(97.2)	372,448,984(99.8)	89.3
花き・花木				
2013	141,150,365(99.7)		114,829,049(101.8)	81.4
14	135,543,567(96.0)		109,310,599(95.2)	80.6
15	136,872,333(101.0)	559,062(—)	110,668,104(101.2)	80.9
16	132,727,998(97.0)	680,298(121.7)	106,918,851(96.6)	80.6
17	126,379,677(95.2)	611,097(89.8)	100,269,190(93.8)	79.3
18	123,942,495(98.1)	581,528(95.2)	96,628,292(92.4)	78
19	120,088,325(96.9)	623,489(107.2)	94,607,558(97.9)	78.8
20	111,598,959(92.9)	674,399(108.2)	87,522,526(92.5)	78.4
総販売金額				
2013	4,421,005,752(100.2)		3,580,194,286(103.3)	81
14	4,326,178,499(97.9)		3,531,293,929(98.6)	81.6
15	4,534,875,559(104.8)	154,071,905(—)	3,726,667,225(105.5)	82.2
16	4,688,253,055(103.4)	169,063,108(109.7)	3,802,836,456(102.0)	81.1
17	4,684,941,704(99.9)	201,987,136(119.5)	3,784,737,248(99.5)	80.8
18	4,567,883,002(97.5)	226,102,378(112.0)	3,716,988,508(98.2)	81.4
19	4,525,127,959(99.1)	242,883,752(107.4)	3,671,288,879(98.8)	81.1
20	4,468,885,599(98.8)	243,232,048(100.1)	3,617,410,194(98.5)	80.9

注：①単位：千円、%。カッコ内は前年度比
　②「買取販売」は15事業年度から調査開始
出所：農水省「総合農協一斉調査」

年は2兆6398億円で、翌年の1993年は史上最高の91年（3兆772億円）に次ぐ2兆9893億円に達していた。しかし、いわゆる「バブル崩壊」とその後のデフレによって卸売価額は下がる一方であり、2010年から始まった天候異変の持続化によって入荷量が減少に転じるまで卸売価額は減少傾向を続け、1キロあたりの平均単価も回復することはなかった。果実もほぼ同様であり、卸売価額が史上最高になった1991年の1兆9917億円以降下落が止まらない。こちらは2010年からの天候異変後も結果樹面積は回復せず、出荷量・入荷量が減少を続けた結果として、「入荷減の単価高」となり、1キロあたりの平均単価が上昇して2020年には史上最高値（381円）になった。しかし、入荷の減少幅が単価高を上回っていることが背景にあり、農協販売事業の販売金額は上向かず、総合農協一斉調査によると2020事業年度は4169億円であり1996事業年度（6996億円）以降の下落に歯止めがかからない。

野菜と果実販売金額減少の要因

野菜と果実の卸売価額の減少は作付面積・結果樹面積の減少に伴う出荷量の減少とデフレの影響といえようが、さらに詳しくみるため入荷減か単価安か、あるいは双方がかかわっているのか探ってみた。1995年から2020年までを5年ごとに区切って卸売市場の入荷数量と単価の変動を探ると、1995～2000年は野菜・果実とも入荷数量の減少と単価安が卸売価額を下落させた。デフレによって需要が伸び悩んだ影響が大きく、卸売市場といえども「入荷減の単価高」という常識が通用しないほどであった。農協の多くが卸売市場へ出荷するため、卸売価額の減少は販売金額の落ち込みに直接響く。

卸売価額のその後の変動をみると、2000年以降はやや様相が違う。野菜と果実を分け詳細にみると、2000~2005年では野菜の入荷数量は減少、単価は上昇した。いわゆる「入荷減の単価高」であり、入荷量の落ち込みが前5年（3・5％減＝48万トン減）と比べ8・7％減（114万トン減）で大きくなったが、単価は1・7％高（3円高）であった。ただ、単価が小幅高のため卸売価額は7％減（1703億円減）である。一方、2000~2005年の果実の入荷数量は14・8％減（87万トン減）と大幅減であったが、単価は野菜のように上がらず、逆に1・2％安（3円安）となったことから、卸売価額は16・0％減（2337億円減）と大幅に落ち込んだ。**「野菜は必需品、果実は嗜好品」**と位置付けられているためであり、果実は入荷が減っても即座に単価高につながらず、結果として卸売価額の上昇とならない。これは2005~2010年でもいえることであり、果実の入荷数量が20・7％減（104万トン減）と大幅減であったが、単価の上昇幅が10・6％高（26円高）にとどまったため、卸売価額は逆に12・3％減（1508億円減）となった。入荷の減少幅が単価の上げ幅に追いつかず卸売価額を下げているのである。しかし、野菜はこの間（2005~2010年）、入荷の減少（11・5％減＝137万トン減）に伴って単価が18・2％高（33円高）と大幅にアップ、卸売価額も4・6％増（999億円増）であり、生活必需品と嗜好品の違いがここでも明確に表れている。[5]

つまり、2000年までは「バブル崩壊」とその後のデフレが影響して消費を冷え込ませ、それが

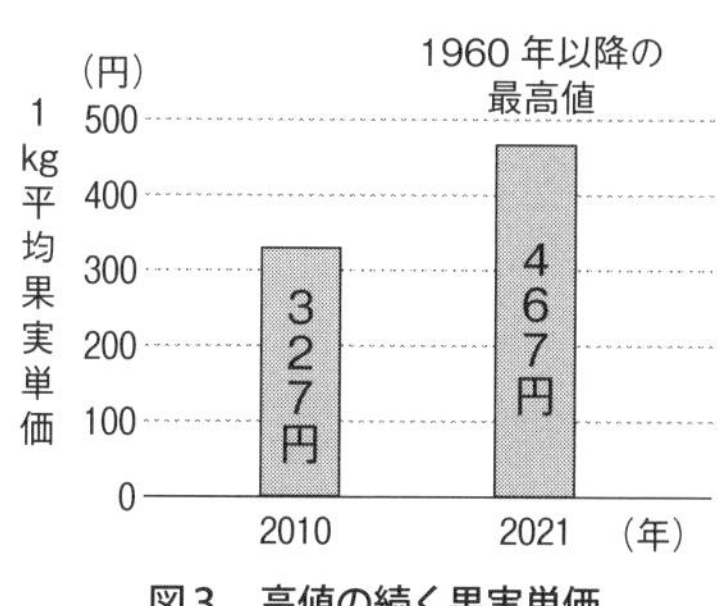

図3　高値の続く果実単価
出所：筆者作成

単価や卸売価額に映し出されている。しかし、2005年以降は入荷数量の増減、「生活必需品か嗜好品か」によって単価などが左右されていたことになる。ところが、天候異変が常態化した2010年以降は野菜については入荷数量が単価に直接反映しているものの、果実は入荷数量がスーパーなど小売業者の品ぞろえにも影響するほど少なくなってきたこともあり、単価が消費動向によって左右されづらくなった結果、高値が続いている。集荷力の強い東京都中央卸売市場でさえ、2010年の果実単価は1キログラム平均で327円と「バブル時代」に近く、以降、5年間は同330～340円台、2015年からは同380～430円台、2021年には同467円（卸売価額1878億円）と、東京青果物情報センターが調査を始めた1960年以降で最高値を記録した（図3）。これに伴い卸売総額も2011年を底値（1551億円）に上がっているものの、入荷数量の減少などがあり「バブル時代」の卸売総額（1991年2702億円）と比べると2021年は3割超落ち込んでいる。

今後を予測することが難しいのは、予断を許せない材料があるからである。例えば、リンゴは近年、出荷量に大きな変動がない（約70万トン前後）のに積極的に輸出に回されていることで、国内相場が消費の動向にかかわりなく上昇している。出荷量が伸びないなかで輸出によって国内への出回り量が減少、卸売市場への入荷が減って単価などを押し上げた。ところが、問題が出てきた。２０２０年産は輸出が増えても国内相場が上がらない状態になった。東京都中央卸売市場にみると、主力の「ふじ」の２０２０年産入荷量は10年前に比べ14～15%減っており、減少傾向は２０１６年産から続いている。生産量は２０１１年産からやや減り始めているのだが、逆に輸出は２０１４年産から３万トン台に乗り顕著に増え始めた結果、国内への出回り量は、特に年明け以降減っている。こうした動きを反映して、相場は２０１９年産で１キロ３９２円（「ふじ」）まで高騰したが、スーパーなど小売業者は販売の主力商品というより品ぞろえの一つ、それも売り場の棚をこれまでより狭めたことから消費者の購買力も下がり、２０２０年産の相場は同２８０円前後まで下がった。２００円台に落ちるのは8年ぶりであり、都内に１００店舗を構えるスーパーのバイヤーは「年明けからは必要最小限の品ぞろえ分しか仕入れない」というほどである。

政府の進める輸出振興策では、「**輸出専用園地**」を明確にして輸出量を確保するとしているが、「コロナ禍」における病床の確保と同じで、植栽園地を確保できたとしてもそれを支える「人」が増え生産・出荷量が増加しないと、結局は輸出の専用園地を作れず、作ったとしても担い手不足下で国内分を輸出に回す結果となりかねない。それでも相場が上がればいいが、２０２０年産のような小売業者の「売り方の変化」からすれば今後は極めて難しい局面にある。[6]

信用事業の危機で試練に立たされる販売事業

農協の販売事業は今後、大きな試練に立たされることは間違いない。経済事業の赤字を信用・共済事業の黒字で穴埋めするという、これまでの構造を維持できなくなるからである。農水省が2021年6月にまとめた「農協について」によれば、「JA信用事業の平均的な姿と今後の見込み」では2019事業年度の部門別損益をもとにすると「信用」「共済」「経済」3事業のうち、〝稼ぎ頭〟である信用事業の税引前当期純利益（1農協当たり）は3億9200万円になる。これを運用収益別にみると、貸出金利息が4・2億円、預け金利息6・8億円、有価証券運用等が2・3億円、事業管理費がマイナス9・4億円になるが、問題は収益の今後である。農水省は「貸出金利の低下、日銀のマイナス金利、運用環境の悪化などから3億9200万円の黒字は減少するかマイナスになるおそれがある」と指摘し、信用事業が〝稼ぎ頭〟ではなくなるという見解である。これは農協ばかりか、大手銀行を含めてゆうちょ銀行、地方銀行、信用金庫などすべての金融機関を取り巻く環境が難しい時代に入っていることを示している。

信用事業の問題をさらに詳しくみてみよう。農協の信用事業は組合員ばかりか地域住民である准組合員の貯金で支えられている。職員総動員で地域をまわり一斉普及して貯金を獲得、貯金高を高めているのが現状である。その准組合員の貯金などについて利用制限をかけようとしていた規制改革推進会議が、2021年6月の答申で利用規制を実質的に成就させたのである。それも同会議が積極的に報告に取り込むような露骨なことをせず、系統農協、ここでは農林中金が「自己改革」の一環として取り組む方向に持っていった、いわば同会議の「技あり」の答申といえよう。政府が2012年から同会議を設置して進めた「農業・農協改革」の総仕上げが、これによってほぼ思惑通り達成されたことになる[7]。

農林中金が同会議に示した「自己改革」について具体的にみると、農協が農林中金や県信連に預け入れる貯金の総額に上限を設定するというものである。既に、2019年4月から預入金額の利子ともいえる奨励金還元率（2018年度までは平均0・6％程度）を4年かけて0・1～0・2ポイント引き下げる措置を実施しているが、これに加えて2022年4月から預入金額に「**上限設定**」し、農協がいくら貯金を集めても一定額以上は奨励金に還元しない、つまり「預け入れしても利子は払いませんよ」という措置を講じるのである[8]。

同会議の農林水産ワーキンググループ（WG）は、2020年10月から信用事業改革などについて農水省や系統農協の関係者を呼んで議論を重ねてきた。討議内容を議事録や関係者の話などから探ると、WGは農業者である組合員より多くなった准組合員の事業利用の規制について「信用事業の健全な持続」を名目に事業そのもののあり方の変更を迫っていた。特に、WGが注視したのは農林中金のこれまでの資金調達とそれに伴う資産運用である。農協、県信連、農林中金で構成する「JAバンク」は、108・6兆円規模（2022年5月末現在）の貯金残高がある。大手銀行並みの資金を調達できるのは全国の農協が毎年、貯金獲得運動を展開して「量を稼いで農林中金に預ければ高い奨励金をバックするので、利ザヤが抜けて経営が成り立つ」（農林中金専務のWGでの発言）仕組みがあったからである。WGはこうした仕組みが准組合員拡大の一因であるとみており、農林中金自身もこのビジネスモデルが日銀のマイナス金利政策などによって「無理がある」（同）と考え、決別すると表明した。[9]

ただ、農林中金はこれだけでは2015年度から続く5期連続の減益と今後の事業運営に対応できないとみている。特に、「フィンテック（金融事業と情報技術を結び付けた様々な動き）」や「地方銀行の再編」、さらに資産運用環境の悪化などに対処するため、「JAバンク」は農協、県信連、農林中金が一体性を持ちつつも役割分担のある独立した金融機関であると位置付けたいのである。そのうえで、農協が管内の農業者や地域住民らに、県信連が農業法人や資材メーカー・中小の農業関連産業などに、農林中金は農業法人や大企業に、それぞれ出資や融資、コンサルタントなどを実施する新たな事業モデルをWGに提示した。また、農林中金は「持続可能な経営」のために、農協が「信連や農林中金の市場運用に過度に依存しない収益構造の確立」（農林中金提出資料）を図るよう、合併や店舗の統廃合、信用部門職員の再配置など業務の効率化を一層促す対処方針をまとめた。

WGで議論になったのは、農林中金の資産運用の原資の大本が現在のビジネスモデルそのものにあり、それが「リスクの高い投資活動」（WG委員発言）にもつながっている点である。特に、俎上に上がったのはハイリスク・ハイリターンの典型とみられるCLO（ローン担保証券）[10]などでの資産運用であり、「（こうした）投機的な資金での運用の利益によって経済事業の赤字を補填する形」（同）になっている構造そのものを改めるべきだ、との意見が出されていた。農林中金はこうした意見を踏まえ、農業・

金融を取り巻く環境の変化を挙げながら、「農協は信連・農林中金の市場運用を通じて収益の約6割を確保してきたが、グローバルな金融緩和による運用収益の低下、金融規制の強化等により、これ以上の資金量拡大を続けて運用収益を確保することは困難」（農林中金提出資料）との報告をまとめた。その具体策として、「農林中金が安定調達のため集中的に奨励金を支払う預入金部分について、2022年度から上限を設定する」方針を「自己改革」としてWGに提案したのである。

預入金の上限設定が実現すると、農協が一定額以上の貯金量を集めること自体に意味がなくなり、「准組合員の加入促進」などにも歯止めがかかるのは必定である。准組合員の員数を一定数に制限したり、准組合員に総会の議決権を付与したりしなくとも、准組合員がいま以上に増えることはないと断言できよう。地域農業の衰退によって農業資金需要が極端に減っているなかで、農協が単独で資金運用することが難しいのが現状であり、投資など他の債券で運用できる人材が農協にはいないことを考えると、今回の「上限設定」によって信用事業の黒字で経済事業の赤字を穴埋めする、という農協の経営構造は根本から見直しを迫られることになる。農協には信用事業のコスト削減はもちろんだが、赤字経営が続く経済事業を抜本的に変革する取り組みがこれまで以上に大きな課題となる。

政府と同会議のしたたかさは、**准組合員事業利用規制**を何らかの形で進めた後の「受け皿」作りを既に終えていることである。民間金融機関が農村地帯に参入しやすくするため、地方銀行の再編を促す措置として独占禁止法に特例（2020年6月）を設けたり、再編・統合の際のシステム投資にかかる費用を補助する措置を講じたりしただけでなく、2019年4月から郵政民営化法施行令の一部を改正し、ゆうちょ銀行の貯金預入限度額を通常貯金・定期性貯金の合算で従来の1300万円から、それぞれ1300万円で合計2600万円まで限度額を拡大させている。

ただ、地域における農協の存在意義は積極的に評価すべきだろうが、議決権や選挙権といった事業運営の根本にかかわる問題を准組合員の台頭時から議論せずに放置してきたことは、怠慢のそしりを免れない。少なくとも、農協法にかかわりなく定款変更などを含め組織内で議論を重ね准組合員問題に向き合うべきであった。なぜなら、この問題は第2次安倍政権によって唐突に出てきた問題ではなく長い歴史がある。[11] 農協事業は長い間、信用・共済事業に依存して運営されてきた。特に、信用事業は〝稼ぎ頭〟であり、販売や購買を含めた多くの事業を行う「総合農協」としての存在価値は准組合員がいなければ成り立たないといってもいい。農水省の総合農協一斉調査によれば、2020事業年度の組合員数は1041万8000人で、このうち准組合員が6割以上を占める。都市で事業運営する農協においてはこの割合がさらに増え、なかには8割を超すところもある。遅くとも正・准組合員数が逆転した2010年前後の段階で定款変更などを話し合い、それこそ「農業者の協同組合としてこれでよいのか」を検討すべきであった。しかし、事業運営に准組合員を入れるような措置を取れば「農協が農業者以外に乗っ取られる」といった考え方が組織内にあることは否定できない。筆者の体験では、准組合員が参加する家庭菜園を農協の営農指導員が支援することに否定的な意見を吐く役員に遭遇したことがある。農協の事業基盤が「地域」にあり、そこに住む住民に貢献することが重要な役割の一つであるとの認識に欠ける経営者がいることも事実である。

また、全中の中家徹会長は今回の規制改革推進会議の答申とその実施計画における准組合員事業利用規制について、「自己改革」の枠のなかで農協自身が結論を出すような措置がとられたかのような肯定的な評価をしている。さらに、中家氏は今後の方針として「（2014年からJAグループが取り組んできた『創造的自己改革』の）継続だ。規制改革実施計画は一つの通過点にすぎない。ステージが変わった。今まで進めてきた改革の手を緩めるのではなく、強める。PDCA（計画、実行、評価、改善）のサイクルを回しながらやっていく」と強調している。[12] 准組合員の利用規制が実質的に実現するという認識が全く感じられないのは、残念でならない。そもそも系統農協は問題の解決を政権政党に依存する体質が色濃くあり、組織内で徹底的に討論して結論を出しても「実践とそれに基づく検証、改善」をしたことがあるのだろうかと筆者は疑問である。

農協がこれまでの全国大会で「改革」を主要な議題や決議として取り上げたことは何度もある。手元にある資料でみても、1991年（第19回大会＝農協・21世紀への挑戦と改革）、1994年（第20回大会＝21世紀への農業再建とJA改革）、1997年（第21回大会＝21世紀への展望をひらく　農業の持続的発展とJA改革の実現）であり、このあとも第23回大会、第25回大会、そして規制改革推進会議の「農協改革」議論が出ると、2015年の第27回大会で「創造的自己改革への挑戦」、2019年の第28回大会で「創造的自己改革の実践」、2021年の第29回大会「不断の自己改革によるさらなる進化」と続く。どれも優れた大会の主題であり決議であるが、どんな優れた計画であっても環境の変化に対応してPDCAができたか、検証したのであろうか。同時期に記者として過ごした者としてみえたのは、時の政権に依存して問題を解決する、そんな構図しか頭に残っていない。

農協は最近、「農業者の所得向上」と叫び、「自己改革」を方針の目玉にしている。そのなかで農産物の販売に限っていえば「マーケットイン」による生産・販売体制の変更がある。しかし、「マーケットイン」などと横文字を使わなくても、全国大会では消費者のニーズに合った農産物をいかに生産・販売するか議論が戦わされ、決議されたことがある。２００３年の第23回大会である。『『農』と『共生』の世紀づくりをめざして――ＪＡ改革の断行」の主題で実施された大会の分科会は2会場で11あったが、その一つに「消費者接近のための販売事業改革」と題した分科会が行われた。青果物流通を記事や論説で書いていた筆者はパネラーとして分科会に招かれたが、その際、①系統農協の多くは生産したものを卸売市場に出荷して、それで販売が終わっている現状の変革、②自身の農協の農産物がどのスーパーなど小売店のどの店舗で、どのようなスタイルで販売されているか、ほとんど知られていない販売事業構造を変える、③わが産品がどこで売られ、いくらの価格になっているかなど、小売業者の情報を直接・間接的に集め、それを販売に活かす努力をする、④スーパーなど小売業者は消費者の「思い」を品ぞろえとして実現する商売であり、そこの情報をつかまないことには「消費者接近」などできない――などと発言をした覚えがある。

しかし、その大会から20年近くが経過するが、いまだに農協や県本部・県連では卸売市場に出荷して販売事業が終わり、と考えている農協販売担当者が少なくない。大会で決議された「消費者接近」がどう計画され、実践し、それが検証されたのか、いまでも疑問に思う。「ＰＤＣＡ」などという新しい言葉でこれまでの反省を抜きに全中会長自身が語ることには、そうした歴史をわかっていれば違和感さえ覚える。個々の農協においても一部を除いて、組織決定されたことでさえ実践に基づいた検証を行わず今日でも放置してきている。それが組合員の農協離れや、もっと広くみれば国民の系統農協への不理解へとつながっているのではないか。

課題は系統農協の、こうした「**組織風土・文化**」を変えられるか、である。農協の販売事業の今後のありようは、もはや販売事業だけの問題ではなく、組織全体のこれまでのあり方をどう変えていくかという重い課題を背負っているといっても過言ではない。それを農協経営者が自覚し、役職員に的確に目標として示し、実践されているか、その成否はどうか、うまくいかないのなら検証し、さらに計画を立て直し、再度実践するという取り組みをすべきときにきている。

注

(1)農水省の「総合農協一斉調査」によると、2020事業年度では全国587JAの信用事業、共済事業、経済事業の事業総利益（企業の粗利益に相当）は1兆7078億円であるが、部門別にみると信用事業が7063億円、共済事業が4262億円、経済事業が5753億円である。ただ、事業管理費を除いた事業損益は全体で1724億円の黒字であり、特に「信用」は2046億円の黒字、「共済」も1278億円の黒字になっているが、「経済」は1600億円の赤字である。「信用」「共済」は経常損益でも黒字、税引前当期純益でも黒字である一方、「経済」は経常損益で1312億円の赤字であり、税引前当期純益も1564億円の赤字である。

(2)2014年6月に規制改革推進会議がまとめた「農協の在り方等の見直し」をもとに2015年4月の農協法等の改正案がまとめられ、2016年4月に改正農協法が施行された。また、2016年11月の同会議・農業ワーキンググループ「農協改革に関する意見」でも「農協の使命は『組合員の所得向上にある』」として、准組合員の農協利用について検討を行うべきであるとして、信用事業のあり方にも言及し始めた。

(3)(1)と同じ資料。全国の農協の販売品取扱高は1994事業年度の6兆1116億円以降減少を続けていた。このうち野菜は1993事業年度の1兆4428億円、果実は1994事業年度の7632億円を最高に以降は減少傾向にある。系統農協の「自己改革」が始まった2014事業年度の販売品の全取扱高は4兆3262億円であり、2015、2016事業年度は前年を上回ったが、2017事業年度からは再び下落、2020事業年度まで4か年連続で前年度を割り込んでいる。野菜・果実は2020事業年度は横ばいといえるが、「自己改革」に掲げた「販売力の強化」は数字的にみれば実現していない。

(4)農水省の「野菜生産出荷統計」「果樹生産出荷統計」。

(5)農水省の「青果物卸売市場調査報告」をもとに計算。

(6)小暮宣文、月刊『農林リサーチ』(農経企画情報センター、2020年11月号、2021年10月号)参照。

(7)(6)と同じ。2021年6月号参照。

(8)農林中央金庫が2021年5月13日に規制改革推進会議・農林水産ワーキンググループに「自己改革」方針として示した資料「農業における役割発揮の検討方向について」7頁の「市場環境の変化を踏まえた集中運用・還元の見直し等」で、「これ以上の資金量拡大を続けて運用収益を確保することは困難」とする見方を示し、実施計画をまとめた。

(9)規制改革推進会議の議事録(2021年3月5日、5月13日など)参照。

(10)信用力のあまり高くない企業のローン債権をたくさん集めて1つの金融商品にまとめたもの。一般的に他の金融商品に比べ利息が高く設定されている。ＩＭＦ（国際通貨基金）の調査では２０２０年末現在で約82兆円の規模まで膨らんでおり、10年間で2倍以上に増えた。わが国の金融機関でＣＬＯ残高が多いのは農林中金7兆７０００億円、三菱ＵＦＪフィナンシャルグループ2兆３０００億円、ゆうちょ銀行1兆７０００億円で、農林中金は世界最大のＣＬＯ保有者。ただ、格付けランクが最高の３Ａの商品が圧倒的に多く、農林中金は「リスク管理に最善を尽くしており、問題はない」とＷＧで発言している。しかし、新型コロナウイルス感染症の影響があり、２００８年の「リーマンショック」のような事態が起きないとも限らないため、日銀は「格付けに依存しすぎることのないように」と、金融機関に注意を促している。

(11)『北海学園大学経済論集』（第67巻第3号、２０１９年12月）の佐藤信「論説（タイトル ＝ 農協准組合員の事業利用規制をめぐる動向と論点）」によれば、２００２年12月の総合規制改革会議の第2次答申や２００３年の第３次答申でも員外利用とあわせて取り上げられ、特に第３次答申では「准組合員に対しては員外利用率規制が適用されないため、農協が准組合員向けの事業を拡大することを通じ、正組合員のメリットの最大化につながらない制度運用がなされる可能性があることから、准組合員が３００万戸を超えている実態を踏まえ、准組合員制度の適切な運用のための措置を検討し、所要の措置を講ずるべきである」と指摘がなされていた、とその経緯を説明している。

(12)日本農業新聞２０２１年6月24日付けインタビュー記事。

Part 2 卸売市場と農協の間に横たわる深い溝

第3章 卸売業者と仲卸業者の意識の違い

相変わらずの荷受け

卸売業者を「荷受業者」と呼ぶ市場関係者は依然として多い。産地から青果物を受けるので「荷受け」という呼称に間違いはないのだが、スーパーなどが取引先の主軸を担うようになった1980年代半ばからは、単に産地から青果物を受託したり買い付けをしたりして、それを右から左へ売りさばけば業務が済む時代ではなくなってきている。業務内容の変化からすると、卸売業者を「荷受け」と呼ぶことはふさわしくない。スーパーなどが力を付けてきた今日では、直接的にも間接的にも、消費者の意向に添って品ぞろえをする小売業者の動向をいかに産地に伝え、生産に反映させるかが業務の大きな役割の一つになってきており、モノだけではなく情報を扱う業者に役割が変わったというべきであろう。卸売業者も、そのことを理解して「荷受け」と呼ばないよう社員に徹底させている経営者がいるが[1]、現実はどうなっているであろうか。

農協と卸売業者の対話からみえたもの

一例を挙げると、筆者がある農協の販売を10年間、欠かさず取材していた2010年代頃のことである。青果物の販売金額が約150億円のその農協は、それまでスーパーなどの意向とかかわりなく野菜や果実を毎年卸売市場に出荷してきた。しかし、販売担当者はいったいどこのスーパーで売られているのか、どんな消費者に買われているのか全くわからないまま、ただ卸売市場に出荷することで業務を終えていた。これに疑問を感じた筆者は、スーパーなど実需者の意向を生産に活かす販売方針に切り替えようとしたその農協の経営陣の意向を受けアドバイスした。数少ない野菜や果実を大量に生産している農協ならともかく、100品目以上の青果物を抱えているため、何をどうしたらいいかわからない担当者が多数いたので、手始めに東京都中央卸売市場の大手卸売業者と話し合うことを提案した。

この農協と卸売業者の経営幹部はまず覚書文書を交わし、実需者の意向を探るためにどうしたらいいのか、100品目に及ぶ青果物を総合的に販売するための取り組みはどうすべきかなど、数項目にわたって1年間程度話し合うことで合意した。1～2か月に1回程度、1回にかける時間は3～4時間、卸売業者が営業する卸売市場と農協所在地の事務所交互で話し合いの場を持った。業者側は各品目担当の副部長クラスが5～6人が出席、農協側は担当の部長、課長、東京事務所職員らが出て販売方針の変更に至った理由や産地の現状を詳細に説明し、今後は実需者の意向をつかんで生産に反映したいことを説き、相互の意見を出し合った。筆者は会議のすべてを傍聴したが、途中から正直にいえば「これは無駄な話し合いだな」と実感した。卸売業者の副部長クラスといえば、スーパーなど実需者の意向をある程度把握していると思っていたのだが、そうではなかった。農協が出荷する青果物の品質などのレベルと、それに見合うスーパーなど小売業者らをマッチングさせようとする方向に話がなかなか向かないのである。もちろん、荷を引きたいためスーパーなど実需者と名刺交換をする程度の交流が数回程度あったが、だからといって、そこから話が進むことは一度もなかった。

会議を重ねるごとにわかってきたことは、卸売業者は仲卸業者を通してスーパーなどに産地の商品を売り込んでいるが、スーパーの実情を直接的にはもちろんだが、間接的にも十分把握していない担当者が意外と多いことである。例えば、Aという品目について農協がある程度下調べしてスーパーを指定しても、卸売業者はそのスーパーだけでなく他のスーパーについてもA品目に対するスーパー側からの感触を、農協が期待するほど会議に持参して来なかった。「無駄な1年だった」と農協の部長は最後に嘆いたが、筆者は「これが今の卸売業者の実態。そこに依存して漫然と青果物の販売を委託していたことがわかっただけでも成果ではないか」と、その卸売業者を紹介した者として負け惜しみともつかぬ思いを伝えたことを忘れない。

1年を無駄にするわけにもいかず、結局、首都圏で300店舗程度を展開するスーパーの懇意にしているバイヤーに筆者が実情を説明して、農協はそのスーパーとの話し合いに切り替えた。まず、農協がスーパーにお願いしたのは産地に来てもらい圃場を見て、バイヤーの視点で「青果物」の「品定め」をしてもらうことであった。100品目以上もあるので新たな青果物を品目として提案するのは二の次にして、既存品目で可能な「**新たな商品作り**」を伝授してもらう狙いがあった。腰の軽いバイヤーは「顧問」の立場でありながらも、卸売業者と話し合いの終わった数日後には産地に出向いてきた。結論からいえば、このスーパーとの取引は1つの品目の商品形態を変えることでスタートし、その後5～6品目の取引まで拡大した。いまではその農協にとってお得意先の実需者であるだけでなく、スーパーのセンターやそこでの作業などを視察させてもらうなど、農協の販売担当者にとって実地の学びの場ができたほどである[2]。

農協の当時の責任課長は「あのスーパーのバイヤーがいなかったら、いまでもただ市場に出荷するだけの販売事業だったかもしれない」と振り返る。実需者の意向を生産に反映させようという産地の思いが実現したことが最も大きな成果であることに間違いない。それとともに、そのスーパーの卸売市場内事務所（写真1）に農協の東京事務所の駐在職員が毎日出入りすることが起点となって、多くの仲卸業者や、卸売市場に日常的に出入りする他のスーパーのバイヤーとの繋がりができたことも収穫であった。実際、駐在職員に「こんな商品はあるか」「商品形態をこう変えられるかな」といった商談を持ち掛ける仲卸業者やスーパーがあり、実需者の意向＝消費者の求める商品を生産者に適宜伝えて商品化できたことが多々あったし、いまも駐在職員はこれらを日々実践している。

写真1　東京・大田市場　卸売市場内事務所
多くの仲卸業者の2階にはスーパーの事務所や果実専門店のバイヤー駐在所
などが置かれており、産地にとっては情報収集の格好の場所である
出所：筆者撮影

　卸売業者はなぜ、あの時スーパーを産地に紹介できなかったのか、あるいはしなかったのか。スーパーなど実需者の動向を十分把握していなかったことが要因であることは確かだが、もっと切実なのは「スーパーを紹介すれば直接取引をされて卸売業者が外される」といった考えが、彼らの根底にあることである。話し合いをした卸売業者に聞くと、そうした経験が「多々ある」というが、協議に臨んだ農協と事前に約束の文書を交換していたこと、その農協が理不尽なことはしないことがこれまでの取引でもわかってもらえていなかったこと、さらには話し合いの場に臨んだ卸売業者の担当者の資質の問題もある。もちろん、卸売業者は前述のスーパーとの取引の仲介を一切しなかったにもかかわらず、産地視察ばかりか商品化への話し合いに同席し、農協は出荷の委託をこの卸売業者を通して行い、

委託手数料も規定通り支払っている。

あえて筆者が、こうした事実を指摘する理由は、その卸売業者は全国でも有数の業者であり、少なくとも職員は「荷受けからの脱却」を経営陣から言い渡されていたからである。時代の流れで卸売市場の役割が衰退し、機能が変化しているにもかかわらず、そのことを十分理解せず、数ある産地の性格の把握も不十分のまま業務にあたっていたのだろう。農協は当初、スーパーへの直接販売を確かに志向していた。だが、卸売市場の重要性、とりわけ産地にとって卸売市場はなくてはならない存在であることを筆者が具体的な事例を挙げながら説いた。そのうえで「直接販売をするならアドバイスはできない」とお断りした経緯があり、卸売業者の経営者にもそのことを伝えていたにもかかわらず、卸売業者の反応は鈍かった。もっといえば、卸売市場の卸売業者や仲卸業者の置かれた状況を説明、納得してもらったうえでアドバイスをすることになったのであるから、卸売業者や仲卸業者を〝**飛ばす**〟取引などは考えてもいない。

卸売市場をまわればいまだに「荷受け」業者にとどまり、スーパーなど実需の直接的、間接的な情報を十分に把握することを怠っている卸売業者が少なくない。そのため、産地はやむなく、少ない販売職員を使い、スーパー、業務・加工業者など実需者を直接訪ね、販路を拡大するための努力を行い、なかには卸売市場に荷をすべて任せず実需者に直接販売している農協も少なからずある[3]（写真2）。

「荷受け」から抜け切れない背景には、卸売市場が何のためにあるのかという根本的な問題に考えが及んでいないことにも原因がある。毎年行われている歴史ある流通研究会で2021年9月、大手

写真２　スーパーの農業参入締結式風景

スーパーなどへの直接販売が活発な千葉県の富里市農協では、組合員がイトーヨーカ堂と農業法人を結成するまでに関係性を深めている

出所：日本農業新聞提供、２００８年8月

卸売業者の幹部が報告者として事業成果など説明し、「コロナ禍」における卸売市場の取り組みを説いたが、冒頭で「卸売市場（法）は農業者のためにある」と発言した出来事があった。卸売市場法が存続したことが国会議員の力であったかのように指摘した後、受託拒否禁止などの法規制が残ったことをあげ、卸売市場がいかに農業者のために存在しているかを説明した。発言者が営業する中央卸売市場は「公設公営」であり、全国の建値を出す卸売市場でもある。その卸売業者の幹部が卸売市場の存在する目的を「国民に生鮮食品を安定的に供給する」ということさえ知らないのかと筆者は思わず問いかけたくなった。産地へのリップサービスだとしてもこうした発言ができるのは、卸売業者が相も変わらず「荷受け」、つまり産地・農協から荷を引くことに重きを置いているからである。

卸売市場における販売代理人の役割は何かということが、浸透していない現状に愕然とした[4]。

最近では「農業者所得の向上」を表看板に掲げている農業者の出資で作られている農協であっても、根底には国民に生鮮食品である野菜や果実をいかに安定的に届けるか、そのために量を増やし、質をいかに調整しながら出荷するかを考えている。それだからこそ、卸売市場という公益性・公共性のある施設を利用して一層の量と質の調整を販売代理人である卸売業者に委託、実需者の購買代理人である仲卸業者と交渉して価格を形成し、小売業者などに分荷することで、消費者の要望に応じた生鮮食品を遅滞なく届けようとしているのである。卸売市場の存在価値を誤って解釈していることに気付いたのであれば、同業者あるいは研究者が理路整然と正しく、卸売市場・卸売業者の存在価値を高める努力をすべきだと考える。

仲卸業者のジレンマ

地方卸売市場には仲卸業者が存在しない市場が多いが、中央卸売市場には必ず仲卸業者がおり、彼らがスーパーなどの意向を受けて卸売業者と交渉して野菜や果実の数量・価格などを決める。出荷者の販売代理人である卸売業者と、実需の購買代理人である仲卸業者の存在意義は、公正で公平な価格を形成する卸売市場にとって欠かせない。しかし、東京都中央卸売市場でみると青果物を扱う業者数は2020年現在で324社、このうち法人が323社、個人が1社である。1989年と比べると35％減少、法人の30％減に対して個人は98％と大幅な減少といえる。集荷力の弱い個人業者の減少が多く、仲卸業者にとっては卸売業者以上に厳しい経営環境といえるであろう。こうした傾向は全国共通の現象であり、地方の中央卸売市場などでは東京都中央卸売市場に比べ減少幅が大きく、産地の出荷者には一層深刻な問題となっている。実需、消費動向の変化を敏感に察知する業者が減ることは、出荷する側に消費者の意識の変化が伝わってくるルートがいま以上に少なくなり、卸売市場の存在価値が薄れていくからである。

直接荷引きの現状

卸売業者が実需の意向をくむ仲卸業者の仲介役を十分に果たせないならば、仲卸業者は生き残りをかけて産地から「直接荷引き」をして実需者に対応せざるを得ない。東京都中央卸売市場・A市場のB仲卸業者は1969年に設立した老舗だが、東京都内の5市場で業者としての許可を受け、その他近県を含めて9市場で売買参加者の資格もそれぞれ取っている大手である。千葉と埼玉両県に物流、小分けセンターを擁し、15農協などと契約取引で「直接荷引き」をしている。「スーパーの要求が日々、年々変化するのに、いまの卸売業者は十分応えてくれないから、自らがやらざるを得ない」というのが、この仲卸業者の言い分である。スーパーからの注文は以前、納品前日の朝であったが、いまは前日夕方が一般的といっていい。これに対処するため仕分け作業は24時間、365日での対応になる。もちろん、定温管理は当然で、差別化商品の要求も飛び込んでくる。

典型的な例が「朝どりトウモロコシ」である。B仲卸業者は北海道産を空輸、昼前後にスーパーの店頭に並べることまでやってのけた。はじめは業者が入場する卸売市場の卸売業者や他の市場の業者にもこの話を持ち込んだが、どこも尻込みして手を貸してくれなかった。結局、自身が乗り出すことになり、産地に出向き、航空会社とも交渉するなど商流・物流のすべてを仲卸業者が行った。「儲けなんかない。でも、スーパーが『何とかできないか』と言ってくれれば、何とかするのが卸売市場の役割。それが他産品の取引にも好影響を与える」と言う。スーパーの要求にすべて応えることは難しいだろうが、きめ細かな要求に応じることで信頼を獲得するという考え方から、「直接荷引き」という、いわば卸売業にも乗り出さなくてはならなかったのである。

B仲卸業者はスーパーだけでなく業務用を扱う業者も顧客に持つ。しかし、社員の数が限られており業務の範囲にはおのずと限界がある。そこで、他市場の仲卸業者とも連携し、あまり得意でない品目については専門的な仲卸業者から特別に仕入れている。品傷みなどがあれば商品の即日交換ばかりか、再度同じような間違いを犯せば連携を解消するという厳しさである。それでもスーパーなど実需からクレームが出る。その一つ一つにしっかり対応し、産地や連携業者につないで二度とクレームが出ないよう措置する(5)。

B仲卸業者がここまで実行するのは、卸売業者が産地との取引で小売業者に情報をしっかり伝達してくれなかったり、必要とする野菜や果実を調達できなかったりするからであるという。もし、卸売業者が仲卸業者の問題意識――具体的にはスーパーなど実需者やその後ろにいる消費者の声に耳を傾け、産地に現状を伝え、改善してくれるなら、「『直接荷引き』などせずに仲卸業務だけやっている(B

仲卸業者)」と批判する。

もちろん、卸売業者の中にも優秀な営業担当者もいる。大阪市中央卸売市場本場(ほんじょう)のように売買参加者のいない仲卸業者だけの市場であると、卸売業者は仲卸業者からスーパーなど実需者の要望を聞いて産地に伝えないと商売にならない例が多い。最近は仲卸業者だけに頼っていては産地に情報は十分伝達できないと意識する担当者もいる。「本場」で葉物類を扱う卸売業者のあるせり人は、ことあるごとに仲卸業者を訪ね、そこにいるスーパーバイヤーから情報を収集、産地に伝えている。その現場にたまたま出くわしたが、仲卸業者の社長がいうには「あのせり人ぐらいかな、わざわざ足を運んでスーパーの情報をバイヤーに直接聞いたり、聞く人がいなければ、われわれから情報を得たりしているのはね」と、ささやいてくれた。この仲卸業者の社長はスーパーのバイヤーから転身した方で小売業者の内情にも精通しているので、この社長だけに話を聞いても情報はとれるが、「まず、われわれのところに出向いて話を聞こうというせり人が少なくなった。同じ市場内にいながら電話で事をすませる方が圧倒的に多いでしょう。先輩がそうしていれば、後輩はそれを見習うという悪循環が卸売業者にはある。それを断ち切り、忙しいだろうが、仲卸業者に会いに来たり、スーパーの店舗に直接出向いて実際に店頭の品ぞろえなどを勉強したりするせり人を育てないと卸売市場の役割はますます低下する」と手厳しい(6)。

消費の動向を産地に伝えられない卸売業者は、徐々に農協からの委託先の卸売業者から外されていく。それがわかっていながらも、「荷受け」業務にとどまっている原因はどこにあるのか。担当者の多くが「**先輩を見習っている**」のも一つであるが、それ以上に「卸売市場を取り巻く環境の変化」を切実な問題として受け止めない経営トップの危機意識のなさが職員に伝染しているからであろう。産地から、卸売市場・卸売業者として青果物の出荷量を減らされ、最終的には出荷先から除外される「絞り込み」対象となり、目に見えて取扱数量が減っても、他の産地からは毎日、野菜や果実が間違いなく入荷する。入荷量が減るから財務的には厳しくなるが、それでも受託手数料が定率で入り、厳しくなった分は、コストカット（卸売業者の多くの場合は経験豊かな職員が定年で辞めても補充をしない）し、4月の定期採用を見合わせるなどで人件費の削減をしてなんとか経営し続けてきた結果であろう。農水省の調査（第1章末、表1参照）で人件費の推移をみれば一目瞭然である。1990年代は売上高人件費割合が3％台であったが、2001年度に営業利益率が過去最低である0・1％になったのを機に人件費率は2％台に下がり続け、2005年度には2・29％まで低下した。ここまで人が減ると卸売市場に届いた荷を受けて、分荷することとさえ「難しい状況になる」と東京都中央卸売市場の大手卸売業者は当時、語っていた。人件費はその後、横ばいからやや上向いたものの2％台半ばであり、2019年度も2・52％にある。中堅クラスの卸売業者であれば、荷さばきや競売、営業に一定の人数が必要となるため「これ以上の削減は無理」と指摘する卸売業者が圧倒的に多い。

財務の悪化に伴う経費の削減の予兆が見え始めたときから、監督官庁の農水省は1999年の法改正にあわせて中央卸売市場の卸売業者の「財務の健全化」基準[7]を示し、経営改善命令を出すよう措置したものの、業者の財務の悪化は続いた。このため、2004年度に策定した第8次卸売市場基本方針で「卸売市場再編4基準」を設け、①取扱数量が開設区域の需要量未満である、②取扱数量が一定規模未満である（青果の場合、年間6万5000トン未満）、③取扱数量が直近3年で連続減少し、かつ過去3年で著しい（青果の場合9・9％減）――などの4つのうち3つ以上に該当する場合は「再編基準該当市場」として、市場運営の広域化や地方卸売市場への転換、他の卸売市場との連携・統合の措置をとった。[8] しかし、地方卸売市場への転換、合併・統合はその後、ある程度進んだものの制度に安住していて農水省の政策変更（業界再編、市場広域化など）のサインを「サイン」と意識できなかった。このことが、その後の人口の減少、農業生産量の減少、コンビニエンスストアの台頭、大規模小売業の質的変化など「卸売市場を取り巻く環境の変化」に十分対応できないことにつながり、政府の規制改革推進会議の報告などによって2018年の卸売市場法改正にいたったといってもいい。

卸売業者と仲卸業者の意識のずれは、改正法施行後も変わっていない。卸売業者はスーパーなどに「直接販売＝第三者販売」することが可能になっても、スーパーを熟知していない業者が多いため「第三者販売」は増えない。「仲卸業者の意向＝スーパーの意向」を産地に繋げる努力を徹底的に実行している卸売業者が多ければそれでもいいのだが、業務の仕方は改正法以前とほとんど同じである。全国でもトップクラスの卸売業者でさえ、「仲卸業者を大切にする」といいつつも、仲卸業者からスーパーなど実需者の情報を正確に聞き出し、産地に伝えている職員は限られている。農協にとっては、販売代理人とはいえ、十分に手応えを感じないというのが本音であり、卸売市場・卸売業者の絞り込み（指定卸売業者から除外していく行為）は一層厳しくなるといっていい。その間に、野菜・果実以外の農産物を扱う卸売市場外の業者や、これまで青果物ばかりか農産物さえも扱うことのなかった業者が卸売市場の業者に資本や業務の提携などをする方法で徐々に参入しており、卸売市場の持つ利便性を理解すればたちまち打って出る態勢を整えつつある。[9]

注

(1)東京青果は新年の社長挨拶や職員の入社式、株主総会資料などで卸売業者が〝荷受業者〟から脱皮することの必要性を説いている。

(2)このスーパーは埼玉県に物流センターと加工センター、一時貯蔵庫を併設した施設を新設した。野菜の加工プロセスや一時貯蔵庫を活用した特売手法などを事細かに農協担当者に説明し、これらの設備を活かす方法を互いに見つけ出そうと提案していた。

(3)千葉県の富里市農協は全国でもトップクラスの実需者への「直接販売」を実践する農協である。青果物の販売金額は約80億円であるが、4割近くが農業者からの買い取りでスーパーに「直接販売」している。ニンジン、スイカなどが主作物であるが、未合併農協であるため職員数は約70人、このうち販売担当者は約10人程度であり、今後も人材確保・育成が大きな課題である。職員の口癖は「1日24時間、365日、休みなし」であり、「直接販売」は担当者の多大な負担の上で成り立っている。総合スーパー・イトーヨーカ堂が農業法人を管内に設立、農協が積極的にかかわるなど実需者との関係が強いのが特徴であり、日本農業新聞は法人発表設立当初から企画「スーパーの新戦略」(2008年7月24日付けから5回掲載)、定点観測記事として「富里報告」(2008年8月27日付けから1年間)を掲載した。

(4)(一社)農業開発研修センターが2021年9月に行った流通研究会での、有力な卸売業者幹部の発言。法改正後に、筆者はこの卸売業者の幹部のような誤解に基づく見解をいくつも見聞きした。その一つに、同センター研究会にも度々報告者として参加する卸売市場政策研究所代表の細川允史氏が月刊誌(『農林リサーチ』2021年8月号)に「ステークホルダーという考え方」と題した論考で言及している。農協の指値(同氏は「足し前」という表現を使っている)に関連して、農協の「委託出荷は、正確に言えば無条件委託出荷で、出荷者に価格形成の発言権はない。であるにも関わらず、結果として形成された価格に後から苦情を言って、高値の方向への修正を要求するのが『足し前』である」と記述している。農協の卸売市場への出荷が「無条件委託出荷」であることは、法的にはどこにも書かれていないだけでなく、1999年の法改正で「相対取引」が原則の一つになって以来、価格形成が話し合いで決まることが認められたのであるから農協は販売代理人の卸売業者を通して価格形成に発言することは全く問題がない。こうした見解が2020年の改正法施行後から散見されるようになってきた。

(5)日本農業新聞2006年7月11日付け企画「激変　卸売市場」の第4回(2006年7月縮刷版参照)と、当該仲卸業者からの追加の聞き取り。2010年代の後半にこの仲卸業者は青果物にも事業の力点を置くことにした食品総合卸売業の「国分」と統合した。

(6)大阪市中央卸売市場本場の仲卸業者から聞き取り。

(7)1999年の法改正にあわせて卸売業者の財務に3基準(経常損失3年連続、自己資本比率10%以下、流動比率100%以下)を設けた。2000年度では32社、2001年度の決算では12社に、それぞれ経営改善命令を受けたが、それ以降も財務状況の改善がみられなかった。

(8)4つ目の指標(基準)は「市場特別会計に対する一般会計からの繰出金が3年連続して総務省の基準を超過」「主たる卸売業者が3年連続して経営改善命令の基準に該当」のいずれかの1つに該当する場合、となっている。なお、詳細は桂瑛一編著『青果物のマーケティング』(昭和堂、2014年)の170~17

6頁参照。

(9)米の卸売業者である（株）神明が東京都中央卸売市場豊洲市場の東京シティ青果の親会社へ資本参加したこと、横浜市中央卸売市場の金港青果（株）がホールディングス（ＨＤ）化した際に外食企業の（株）グルメ杵屋がＨＤの筆頭株主になったことが挙げられる。

第4章　卸売市場と農協の現場からみえるもの

農協販売事業の現場

農協の現場を歩くと、担当者の二つの側面に直面する。一つは、販売事業の赤字の打開策に必死になっている担当者と、もう一つは「信用・共済事業」の黒字を頼り、赤字であることを意に介さない担当者である。全国の農協でみれば8割が販売事業において赤字であり、販売事業をいかに変革するかが今後の農協運営の最大の課題であることは、〝稼ぎ頭〟の信用事業の「自己改革」で明らかになっている（第2章参照）。なぜ、農協の組織内で販売担当者の意識が極端に違うのだろうか。赤字を意に介さない原因はいろいろあるが、総じていえば①農協の販売事業の目標や経営トップの方針が具体化されていないか、されていても担当者が己の問題として引き付けていない、②地域において農協は「優良な企業」であり、かつ地域・親族性が強い組織であるという、いわゆる「**組織風土・文化**」から抜け出せない、③販売事業の変革部署を作り、そこが「先進導坑」となり従来と手法を変えようとしても販売など他の部署（本坑）が他人事と思っている――ことなど指摘できる。

このうち最大の要因と一つといえるのが「組織風土・文化」である。農協は地域の就職先として優先順位の高い組織といっていい。役職員の多くは地域の農業者かその親族であり、農協や農業者らと何らかのつながりがある。このため、事業のダイナミックな変革は地域（集落）の軋轢までにも発展してしまうことが数多くある。また、農協は農業者が出資して役職員に業務を委託している協同組合であり、組合員は大規模農業者であっても零細農業者であっても物事を決める総代会（総会）では同じ1票を持つ農業者である。実際に総会や生産者大会などの集まりに出ると、声の大きな人（地域・集落の中心的な人物ら）が物事を引っ張っていく傾向が強く、事業を変えていく際にはそうした農業者をまず説得しなければならないことがしばしばある。役職員が、「説明・説得と誘導」を念頭に事業変革を画策しないとなかなか実行することはできないし、実行しても成功まで導くことは難しい。職員自身は入組後、こうした組織のありようを先輩諸氏の背中で学ぶため、たとえ経営トップが方針を明らかにしても「指示は指示として聞いた」といった姿勢であり、多くは中間管理職がどう判断・行動するかによって自身の行動パターンを決めるという悪循環が続いている。

A農協は15年以上も前に販売事業の大転換を模索し、理事会はもちろん経営管理委員会の了承も取ったうえで、従来の卸売市場を軸とした販売から農協自身による直接販売に事業転換する方針を決め、組織改革も断行した。2010年前後に、その方針には一定の無理があると判断し、卸売市場からスーパーなど実需者の情報をとることを前提に卸売市場を販売の主軸に置き、その一方で市場外の中間業者を通してスーパーなど実需者への直接販売も行うことになった。組織改革で新設された部署の職員は孤軍奮闘の末、スーパーばかりか外食・中食業者、それらに納入する中間業者と接触を重ね、販路を徐々に広げていった。また、東京の卸売市場に新たに配置した職員と連携して卸売市場、とりわけ市場の仲卸業者や駐在するスーパーのバイヤーらと毎日会い、フェース・トゥ・フェースのつながりを持った。

販売事業の大転換の根底には「生産振興を図るにはやみくもに組合員に栽培面積の拡大を求めるのではなく、実需者が望んでいるものを、あらゆる角度から調べ、そのうえでの生産振興をしよう」という狙いがあった。ただ、直接販売は職員の能力がまだまだ不十分であること、代金回収などで手間がかかることなどを先進地の視察で学び、卸売市場でも目的は達成できるのではないかと考え、方針を切り換えた。当時、筆者はA農協に取材に行った際、多品目大量流通の農協であることを念頭に置けば卸売市場を通した販売がいかに有効であるか、卸売市場、とりわけ仲卸業者は農協の販売担当者が思っている以上にスーパーなど実需者の情報を持っていることなどを説明したことを覚えている。

A農協内に新設された課は傍目で見ていても見事で素早い動きをした。外食企業から「○○ができないか」といわれれば、生産部会の前に篤農家に相談し、事前了解を取ったうえで「○○を1キロ××円で作ってほしいが、やってくれる方、手を挙げて下さい」と部会で呼びかけもしたし、これまで農協が作ったことのない作物をカット野菜業者から依頼されたときは、組合員に呼びかけ、それこそ「説明・説得と誘導」して理解を得て最後には農水省の「指定産地」までとったほどである。さらに業者から提案されたリレー出荷を、他産地にまで出向いて実現するなど目覚ましい仕事ぶりであった。

しかし、主に卸売市場への分荷を担当する集出荷センターらの職員から、積極的に支援する動きは少なかった。それどころか、「あの課は何をしているところか。センターに相談もなく勝手に売り先を決めて……」といった苦情まで出る始末である。時にはこんなこともあった。センターの職員が売り先のスーパーが決まっている品目を、他の卸売市場に回してしまい、数日間そのスーパーで欠品を出してしまったのである。青果物流通を熟知している者からすれば恐ろしいことを平気でやってのけてしまった。当然、その職員は経営のトップらから責められるのであるが、職員の行動はセンター長も了承していたことを筆者は知らされ、唖然とした。

いまも、A農協の「先進導坑」の部署は、センターはもちろん、販売の他の部署と細かな点まで了解をとりながら、あるいはセンターと個人的なつながりのある理解者に相談して「実需の求める商品」を農業者につなぎ、センターなどの了解を得て業務をこなしている。組織内で「根回し」をしておかないと取引に混乱をきたすというからであり、仕事ぶりをみていると歯がゆいくらいである。新しいことへの挑戦――販売事業変革に取り組む農協を多くみてきたが、少なからずA農協のようなことが起きており、この「組織風土・文化」を変えるには経営トップが明確な目標を示すことが重要である。「旗印」を常に見えるようにするため、実務にあたる常務や部長らを通して現状をつかみ、方向性に間違いがないかチェックするか、あるいは直接職員を呼び目標と違った行動をとっていないか徹底して調査するなど強い意識がないと販売事業の変革はできない。

多くの農協の販売事業は結局、事業方針を総会や3年に一度の全国大会などで決めても、方針の実行をチェックし、検証することはまれである。２０１９年の全国大会（第31回）ではＪＡの直接販売の数値・金額の目標設定が決議されたが、青果物でいえば目標を設定した農協を筆者は全く知らない。目標設定自体に問題があるので、この結果に筆者は内心ほっとしているが、それでも計画を立て、それを共有し、実行に移し、成功したか否か検証し、成功しなければ再度、計画立案から見直しチャレンジする、企業でいえば当たり前のことが行われていないことは疑問である。農協の販売事業は、卸売市場に分荷するだけ、それも担当する集出荷センターと親しい卸売業者に出荷することが依然として「業務」なのである。時には無謀な指値で、時には「恩着せがましく」荷を出すことで関係性を強めている農協がまだまだ少なくない。

ここ10年来、農協の販売担当者からは消費者の求める商品を作ろうと「マーケットイン」という言葉がよく聞かれるが、本当に「マーケットイン」がわかっているのか、あるいは「マーケットイン」が優れた販売手法であると考えているのか疑問である。[1] 農産物という天候に左右され、貯蔵が効かないなどの特殊性を持つ商品では「プロダクトアウト」を念頭に、いかに実需者の要望に合った商品を作り出すかを模索するのが販売担当者の役割であり、そのためにはスーパーなど実需者の志向する商品を自身が提案できるまでの力＝能力が問われる昨今であるにもかかわらず、「マーケットイン」などと声高に叫びながら、実は卸売市場への分荷が仕事という1980年代半ばまでの販売方法での取り組みしかできていないことが、いま問題といえるのではないか。

農協の販売事業の現状をここまで詳細に記したのは、卸売業者が農協の実態を知らないで、「とにかく集荷」を第一に考えていることに問題があると筆者は認識しているからである。常に、受け身であり、自身の持つ強みを活かすことを考えない企業になっていることを自覚していないため、出荷者である系統農協と対等な関係になっていない。このままの状態でいけば、卸売業者はさらに少なくなり、中央卸売市場で20社程度となりかねない。その間、系統農協の「経営危機」が表面化して職員自身が自分の問題として捉えたとしても、販売担当者の人員数・能力が画期的に向上しない限り、「卸売市場に分荷することが販売事業の業務」といった考えが強まる一方となり、卸売業者に対する指値がこれまで以上に激しさを増すと筆者はみている。

卸売業者の評価基準

まず、はじめに断っておきたいのは、どこの農協、系統農協も卸売市場を最も有力な売り先として重視していることである。先進事例を挙げると、卸売市場流通を否定しているかのようにみられがちであるが、系統農協は青果物流通の基本は卸売市場流通であると考えており、それだけに中核であるべき卸売業者が役割・機能を十分に果たしてくれることを期待している。そのよい例を挙げてみよう。規制改革推進会議が系統農協の販売に注文を付けるようになってしばらくしたとき、筆者は全農の関係者と話す機会があった。卸売市場を排除して実需者に直接販売をするよう促した報告を出した前後であったと記憶するが、農水省との折衝で卸売市場を「**選別する**」という言葉を使うか否かで論議になった、という。担当者は「選別」という厳しい言葉を拒んだが、同会議の意向を背景に同省は「選別」に固執した。全農はその後の事業計画では卸売市場出荷を否定せず、「選別」の言葉を弱め[2]、農協や系統農協にとって必要な卸売市場とその役割を果たそうとしない卸売市場を分けて考えている。

全農が「選別」という言葉を拒んだのは、卸売市場なくして系統農協の販売事業は成り立たないという強い意識があるからであり、卸売市場を取り巻く環境の変化に対応しながら再生産可能な青果物の販売を持続するためには当然のことである。いわば「仲間」に対して「選別」は言い過ぎと判断したからである。しかし、だからといって野放図に販売事業にあたっているわけではない。

全国に約600ある農協、それらを束ねる県本部・県連のなかでも先進的な取り組みをしている事例を紹介しよう。青果物の卸売業者への出荷は、農協が単独で行う商品と県本部・県連が県内の農協の商品を一元化する2通りあるが、ここで取り上げるのは、県内の農協全体の販売事業を一体的に進めていこうとしているB県の系統農協である。卸売市場を第1の販売委託先としながらも、スーパーなど小売業者の動向を探るため、直接販売もしながら、卸売市場の相場のありようなどをチェックする機能を持たせる手法で事業を展開している。

卸売業者や仲卸業者の多くは知らないだろうが、B県本部は「卸売業者評価基準」を作っている。1980年代半ばまでのような、卸売業者と産地が市場視察、産地での販売会議などで酒を飲みかわし、その親密さで荷を出荷していたときと現在は違う、という認識からである。誰が販売担当者になっても、仲が良くも悪くも、卸売業者を的確に評価する。そのためには野菜や果実を出荷する際、いま風にいえば、「**出荷の見える化**」を数値で実現しようというのだ。

B県本部が県経済連時代に作成した基準は精緻である。出荷している卸売業者ごとに①売上高、②各農協・県本部別取引高、③自己資本比率、④流動比率、⑤経常利益率、⑤信用調査のランキング——など財務内容のほか、県本部（農協）の「方針の理解度」「卸売市場・業者の施設の状況」（具体的には鮮度管理・貯蔵管理や配送・包装といった品質管理などの態勢整備）も基準に含めた。また、「顧客獲得状況」として業務、外食、中食、加工などの業者やスーパーなど実需者の把握度、仲卸業者との「連携度」なども重視し、あわせて20項目以上にわたって判断基準を作り、その項目ごとに評価基準をA～Eまでの5段階に分け5点から0点に分類した。それぞれの項目の評価と点数で総合評価して一定の基準以上の卸売業者を選び出している。

最近のように財務が悪化している卸売業者は「これではうちはだめかな」と思うのだろうが、そうではない。たとえ、その年度が営業赤字であっても「顧客獲得状況」がA評価であったり、その他の点数が高かったりすれば「総合評価」が上がるので出荷先の卸売業者になれる。筆者はある卸売業者から相談されたことがあり調べたが、総合評価基準が高かったので営業赤字を2年連続計上したが出荷先になっていた。その卸売業者は農協、県本部・県連と顧客に同行販促（商談）するなど積極的であり、取引先実需への提案も頻繁に行っており「赤字」は出荷を止めるほどのものではない、という判断である。この卸売業者は、その後のスーパーなどとの取引が増大し、農協、県本部の出荷量が増え「赤字」が解消した。顧客情報や同行販促がいかに重要であるかを認識した。

しかし、こうした評価基準を作成している農協や県本部・県連は少ない。なぜかといえば、出荷先の指定卸売業者数が多く、財務諸表などの情報を集める手間がかかるからであり、それより日々の債権管理で卸売業者からの販売代金の入金が滞りなく行われているか否かで業者の優劣を十分判断できると思っている。筆者がある農協からどの卸売業者を指定出荷先にするか相談を受けた際に、その農協の県連に「卸売業者評価基準」の作成を促したが、10年以上たっても作る気配さえない。B県本部は出荷先指定卸売業者にしていても、「評価基準」に達しない卸売業者には出荷しないという厳しい姿勢で臨んでいるが、作成しなかった県連は相変わらず「卸売市場・卸売業者絞り込み」と豪語して出荷先卸売業者を少なくしているが、なんの事はない「絞り込み」の判断基準は単価（相場）と日ごろの付き合いなどが材料であり、「評価基準」とはとてもいえない。「これでは実需者の情報を集められないのでは……」と筆者が指摘しても、「スーパーなどのバイヤーは数年で変わる。毎年毎年、実需者の情報を収集する苦労をするならば、信頼できる卸売業者にすべて任せる、いわゆる『卸相対』で取引を進める方がわれわれの手間が省ける」と、堂々といってのける始末であり、これも農協や県本部・県連の実態の一つである。系統農協が「マーケットイン」という言葉を使ったとしても、実需者の情報に基づいた生産方式に変える積極的な姿勢よりも、「これまでの取引における信頼」という極めて抽象的・個人的な感覚で卸売業者にどの程度の荷を分荷するか決めている旧来の考え方が主流である。担い手の減少と高齢化、高収益を上げる農業者と落ち込む一方の農業者の二分化[3]などの厳しい生産状況のなかで、いまの農協や県本部・県連のありようでどこまで農業の再生が可能か不安を感じる。

人材の力の重要性

農協の販売事業の現状を知れば知るほど卸売市場の課題が見えてくるが、その解決につなげようと努力している人材も少なくない。ここでは卸売業者のある営業担当者の話をしてみたい。東京都中央卸売市場の有力な卸売業者に籍を置く彼は、2010年当時、温州ミカンなどかんきつ類の担当者であった。労働組合の委員長を経験するなど信頼の厚い人物であることは、同じ卸売業者の同僚などからは聞いていた。その彼がある産地からスーパーなど小売店での温州ミカンの評価がどのレベルかを調査する協力を依頼された。数日も経たぬうちに数社の名簿を挙げ、スーパーの承諾も取ったことを産地に伝えてきた。なぜ、ここまで迅速に、それも嫌がりもせず彼は実行できたのか。産地が有力であればわかるが、少なくとも品質ランクでいえばA級産地とはいえず、彼にとってはそれほどメリットがあるとも思えないのであるが、それでも行動に移したのである。親しい仲卸業者に聞くと、「彼は産地のこともスーパーなど小売業者のこともよく勉強している。同じ市場内にいて電話で問い合わせしてくることはなく、必ずといっていいほど仲卸棟まで足を運び、俺たちやスーパーのバイヤーと話をして取引をまとめる。だから、彼が相対取引で『これぐらいかな』といえば、多くの仲卸業者らがその相場で納得する」と、人柄を説明してくれた。

産地も仲卸業者もスーパーも、日ごろの言動からこの営業担当者に信頼を寄せている。口先や耳障りのいいことで物事をごまかそうとしないで、あるべき情報をあるがままに、生産地の実態や小売業者の実情も包み隠さず伝える。その結果として相場を作っていく、そんな行動が土場（せり場）でみる姿や「相対」取引する彼からみえてくる。調査を頼んだ産地の東京事務所職員は、1年目から彼の〝指導〟を受け、仲卸業者やスーパーのバイヤーとの情報交換の場、取引の場に立ち会い、みっちり薫陶を受け農協の販売事業にとって貴重な戦力に成長した。これは作り話などではない、実際にあった出来事である。卸売市場の販売代理人とは、こうした発言・行動のとれる彼のような人物であるべきではないのか。

もう1人、1980年代半ばに大阪市中央卸売市場本場で取材している際にも、こうした産地や仲卸業者らから信頼の厚い卸売業者の営業担当者に出会ったことがある。大阪の場合、当該の担当者が所属する卸売業者の「不正請求事件」があったときでもあり、記者と相場の話をすることでさえ難しかったのであるが、産地に対しても「事件」の説明をし、取材にも対応するなどきめ細かな配慮をしてもらったことを記憶している。農協が求めている卸売市場の販売代理人は、産地に都合のいいことだけを伝える卸売業者ではなく、時には耳の痛いことも嘘偽りなく伝え、生産に活かせるよう真摯に向き合う業者である。卸売業者はそうした人材を一時的な損得で排除せず、大事に育てることをしていけば出荷者にとってかけがえのない存在となることは間違いない。

市場駐在員配置の必要性

系統農協が卸売市場に期待していることの一つは、農協などの販売担当者の「教育」である。本来、販売事業の教育は系統農協がすべきことであるが、農協や県本部・県連はスーパーなど小売業者の実態、業務・加工業者の実情などをほとんど知らないところが多く、またわかろうともしないから始末が悪い。そもそもスーパーの売り場に足を運んだことのない農協や県連の担当者が少なくなく、小売業者などの決算をみたこともないと平然という担当者もいる。

彼らにとって青果物の販売は卸売市場に分荷することである。卸売業者にとって農協の分荷は売上高を左右する大事である。しかし、スーパーなど小売業者や業務・加工業者の実態を十分知らない農協担当者が、出荷数量や等・階級のレベル、指値を出した取引をするのだから、卸売業者からみれば扱いに困る存在であるといっても過言でない。特に、乱暴ともいえる指値を出されては「口惜しさがにじむ」と話すせり人もいる。相場感覚も全国的な需給実勢をつかんでいるわけではないので、農協の分荷担当者がいくら「高い山（高値相場）」と作っても、後日「深い谷（安値相場）」になって自身に帰ってくるのであるが、それさえも「相場で仕方ない」と農業者にいえば済んでしまうのが実情であり、農協が青果物流通の基本を卸売市場流通と本気で考えるなら、現在の「甘え」を変えねばならない。

そこで**教育担当者**として期待したいのが卸売業者、仲卸業者である。農協がやるべきことは、販売担当者を卸売市場に派遣し、野菜や果実の販売環境がいかに変化しているかを実感として知らせることである。県本部・県連では東京や大阪などに事務所を構えているところが多いが、それとは別に、農協が販売力強化のために卸売市場に「駐在員」を置くべきである。それも1年や2年ではなく、最低でも3年以上、卸売市場に常駐させるべきだ。販売担当者は毎日、卸売業者や仲卸業者、スーパーのバイヤーらに会って雑談でもいい、何でも話してみることで、実需者の実態やその背後にいる消費者の姿を学ぶだろう。そのことによって農協や県本部・県連の販売事業の問題点や今後のあり方が浮かび上がってくる。

駐在員の配置の事例

これも実際にあった話である。野菜・果実を100億円前後販売するC農協は2000年代はじめに、東京都中央卸売市場に「駐在員」を1人置いていた。しかし、成果が上がらないと止めてしまった経緯がある。「費用対効果」の面で、スーパーなど小売業者の情報は日々の分荷や県連からの連絡で十分と判断したためである。こうした例は多い。

ある県連に2020年に招かれた講演の懇親会で話しかけてきた農協担当者がいた。彼は東京都中央卸売市場の「駐在員」をしていたが、費用対効果からいまは誰も派遣されていないと言い、某食品スーパーの実情を聞きに来た。主要品目の8割をそのスーパーに委ねているため、果たしてそれでいいのか、という問いかけであった。当該スーパーは大手総合スーパーの関連企業で有力な食品スーパーであり、個店管理をしながら消費者の動向をつかみ、決算上も問題がないことを筆者は伝えたが、「8

割は、やはり多すぎる。リスクヘッジをすべきではないか」とも答えた。「駐在員がいなくなって以来、情報が偏り、具体性のある話も入ってこない。駐在員を置いて自分の足で情報を集めないと、やはりだめですね」と自問自答して引き上げていく姿をみて、経営を管理する者と実際に取引する中間管理職の意識の差を痛感した。

「成果が上がらない」と、卸売市場「駐在員」を取りやめた農協の中には、販売方針の転換にあわせて「駐在員」の再配置を決めたところもある。D農協の当時の常務は、「マーケットイン」がいわれる前から、「現状の分荷主体の販売方法では、農業者に生産振興をいくら説いても、説得力がない。いま、消費の状況は大きく変化している。だから、こんな品目や出荷形態をこう変えようといわなければ農業者だって納得しない」と考えていた。このため、販売の責任者になった人事にあわせて、まず販売方針のあり方をどうするか若手を中心に検討会を設置し、その報告作りをリードしながら、「市場駐在員」再配置の必要性を考えたのである。筆者自身が相談されたこともあるのでよく覚えているが、「駐在員」候補者として、①20~30歳と若く、できれば結婚しているか近く結婚する予定の方、②駐在期間は1~2年といった短期ではなく、少なくとも4~5年とする、③1人態勢でしばらくは臨むが、その成果次第で2人態勢を敷く——などの注文を付けた。ひとり勤務の「駐在員」として私自身も6年近い経験があるのでわかるが、とても心寂しく、わびしい。仕事はもちろん、淡々とこなすのであるが、夜な夜な余分なことを考え、しまいには心の病に陥る方が多い。本心をいえば、1~2年で帰りたいが、それでは仕事を覚えたら、もう帰る時期に入り、中途半端に終わることは実感としてわかっていた。

この体験から導き出したのが先の条件である。条件を飲んだD農協の「駐在員」は既に3代目になるが、2代目から条件通りになった。派遣された「駐在員」は結婚したての若手、2年後に子供が産まれ、その後、年少から東京の幼稚園に入園、小学生になるまで通算5年以上の「東京市場の駐在員」になった。彼は、本所に戻ったあとも、農協の販売事業のあり方について他の職員を寄せ付けない考え方で挑んでいる。

こんな詳細なことを書くのは、単に「駐在員」を置くという単純な考え方では、赴任する職員が仕事にも身が入らず、私事でも問題を起こす可能性が高いからである[4]。業務をしっかりこなしてもらうというなら、人事にもそれなりの配慮は必要である。そうすることで、派遣される職員にもやりがいも生まれる。考えてもみてほしい。職場でも家に帰って1人、話し相手の連れ合いや子供は遠いふるさと、朝から晩まで、それこそ誘惑の多い都会である。こんな環境でどこまで仕事が出来ようか。ましてや、現在のような「コロナ禍」で本所の会議などにも出席できないとなれば、なお一層、家族がともに東京で生活できることの安心感は計りしれない。

その上で、指摘したいのは「駐在員」の仕事は、卸売業者に行って自分の農協の産品の状況を聞き、相場などを「日報」を書き本所に報告することではない。1990年代に日本農業新聞の通信員をやってもらっていた東北地方の農協職員が、2000年に入ってすぐに販売担当となって東京都中央卸売市場の「駐在員」として赴任してきた。彼が事務所として出勤していたのは卸売業者の営業担当者と横並びの席である。仕事は毎日、「日報」作成が主であり、市場にいながら場内の仲卸業者の事務所にもあまり顔を出したことがなかった。あるとき、相談を受けたが、「駐在員」の意味をやはり理解していなかった。当時は、まだ系統農協で「マーケットイン」などという言葉があまり聞かれなかった時代であるが、流通記者でもあった筆者に意見を求めてきたのは「1人駐在」の寂しさもあったのだろうが、それ以上に自分のやっていることが「東京」でやるべき仕事なのか、という疑問である。「あなたは相場などの『日報』を書くため東京にきたの？違うよね。せっかく東京にいるのだから、自分の農協の野菜がどこのスーパーでどのくらいの値段で売られているか、店舗に出向いてみてきたらどう。できれば、スーパーのバイヤーと話してみて、野菜の『評価』などを率直に聞けばいい」と助言した。

彼は早速、動いた。まず、自分の農協の野菜を扱う市場内の仲卸業者に出向いて品質などの評価を聞き、さらに売り先の小売店を聞いて店長にも会って出荷している野菜の良しあしを探った。しかし、なぜか、出荷している量に比べ扱っている仲卸業者や小売業者が少ない。疑問を聞かれた筆者の頭に浮かんだのが「**転送**」(当該市場に入荷した青果物を他の市場に販売する行為)である。東京都中央卸売市場でもスーパーなど小売業者に強い市場、業務・加工業者を得意先とする市場、「転送」が多い市場などいろいろある。当該市場は「転送」が多く、小売業者もスーパーなどではなく専門店が主といってよい。彼は、そのことを卸売業者に直接ぶつけてみた、という。始めはのらりくらりであったが、最後には「転送」に多くの荷を回していることを認めた。その1年後、この農協は「市場駐在員」を廃止したが、出荷した野菜がどう扱われているか事前に調べておくべきだった。多くの品目を出荷している卸売業者ではあっても、市場に職員を派遣すれば何とかなるという販売姿勢では成果は得られない。

それでも、市場に「駐在員」を置くべきであると考えるのは、スーパーなど小売業者の実情や仲卸業者がどんな相手と取引して売り上げを伸ばしているか、それらを知ることが農協の販売事業にどれほど大きな効果をもたらすかを筆者はわかっているからである。成功している農協の**駐在員の典型的な1日**を参考までに追ってみよう。東京都中央卸売市場にいる先のD農協の駐在員は、実需者らとの事前のアポイントがない日であれば、毎日、せり時間の30分以上前に市場に出勤する。せり前に下見をしながら関係者らと雑談し、せりもじっくりみるが、相場などは県本部・県連の打ち合わせ会で聞けば十分と考えている。重要なのは農協の商品を買ってくれる仲卸業者らと毎日出会い、話し合うことである、と彼ははっきり言う。いまであれば、「コロナ禍での売れ行きといっても、単に売価がどうこうだけではなく、品目ごとの商品形態やその動き、店舗による違いなど結構踏み込んで話を聞く」という。

また、曜日によって各スーパーのバイヤーの来る日がほぼ決まっているため、その曜日にあわせてバイヤーをつかまえて直接荷動きを聞いて参考にしたり、荷動きの悪いときなどは商品形態などの変更の話をしたりしながら、交流を深める。毎日、午前中（午前6時～正午）はこうした話し合いで過ごし、午後になると本所の集出荷センターに直接電話して、注文の変更があれば可能かどうか調整し、不可能であればどこの仲卸業者からその品目の増減をするか、また仲卸棟まで足を運ぶ。こうした「ルーチンワークは当然である」とその駐在員はいうが、一番、気を遣っているのは天候による青果物の作柄であるという。例えば、春先のジャガイモで作柄が悪く、北海道産の貯蔵も少ないときなど、本来であれば「規格外」である「小玉」をどう売り込んでいくか考える。ここで役立つのが仲卸業者とのお付き合いだ。多くの業者と日々会っていれば、あの業者なら「小玉」でも売り込めるのではと目途を付けられる。肝心なのはこの「目途を付けられる」くらいのお付き合いが日ごろからあるか否かであり、「日報」を書くことやせりをみることが業務だと思っていてはできないことである。彼は「小玉」ジャガイモを扱ってくれそうなある仲卸業者に相談した。その仲卸業者は全国に定温管理できる施設を持っており、物流が整備されているので地方の卸売市場ばかりかスーパーなど小売業者にも毎日配送することができる。自然と小売業者の「欲しいもの」を把握していることを、彼は事前に知っていた。さらに毎日の挨拶で親しい社員がいたこともあり、商談はスムーズに進み、「小玉」ジャガイモは全国のスーパーへ流通し始めた。おもしろいのは、その売れ行きが評判を呼び、東京のスーパーへと「逆流」現象が起きたのである。毎日の誠実な話し合いの繰り返しのなかで、人と人との関係が、商品への信頼へと変わり、この仲卸業者との取引はジャガイモを含め既に10品目以上にも及んでいる、という。

もちろん、卸売業者からの成功例もある。これは別の農協の駐在員の話だが、卸売業者の開発部門と連携、都内の業務・加工業者との取引を勝ち得た。この駐在員の日々も前記の駐在員とほぼ同じであり、毎日の相場よりも、2週間くらい先の商談を進めることが当たり前になっていた。「クレーム処理などがあり大変といえば大変ですが、一つ一つ商談がまとまることの痛快さは何ともいえない」と笑顔であった。小ねぎは夏場に売れ行きが伸びる商品だが、春先にも出荷量が多くなるために夏場の需要期の数量を一定数確実に出荷するという約束を卸売業者、仲卸業者、小売業者と3者で話し合いながら決め、交換条件として春先の商品の小売店での取扱数量の増加を図った、という。「農業者の所得向上」と口で言うのは簡単だが、実は産地の実態、実需の実情などを卸売業者、仲卸業者、そして産地が互いに承知したうえでの地道な努力を通して初めてこうした取引が可能であるといえる。

知り合いの駐在員が口をそろえていうのは、「はじめは卸売業者、仲卸業者にいろいろ教えてもらいながら進めた。それが一息付けば、もう自分1人でも動けるようになる。ただ、残念なのは現在、東京都中央卸売市場などの駐在員が減っていること。組合長ら幹部が変わると**費用対効果**ばかりが強調され、努力とその効果がわかってもらえない農協が増えていること」と言い切る。的を射た意見だといえるが、いまの農協にはそれがなかなかわかってもらえない。今後、信用事業の変革が進み、販売事業の費用削減が実行されることで農協幹部の最も目に見えにくい「市場駐在員」は農業者が期待していても減っていく運命となってしまえば、農協販売事業の先行きはさらに深刻な事態に陥るといっても過言ではない。

注

（1）農協における「マーケットイン」については、桂瑛一編著『青果物のマーケティング』（昭和堂、２０１４年）の39～56頁参照。

（2）全農は事業計画などで卸売市場を「パートナー市場」という表現をし、「選別」というニュアンスを弱めている。

（3）販売金額２２０億～２３０億円のある農協の経営者から見せられた数値によれば、農協への年間の出荷精算金額が５００万円未満の農業者が全体の９割近くであり、１０００万円以上は７％前後にすぎない。なかには1億円以上の販売高を上げている農業者もおり、農協の販売金額の多くは７％の農業者に依存している、という。

（4）東北地方のある県の大規模農協は米や野菜、果実を生協、卸売市場などに販売しているが、「東京市場駐在員」となった40代後半の職員は運転資金の使い込みで配転になり、その後、この農協は「駐在員」を置いていない。

Part 3　農協の販売事業と密接に関わる卸売市場

第5章　農協の「共販三原則」の検証を

「共販三原則」の現状と問題点

全国にある農協のうち大半は、いわゆる「総合農協」である。信用、共済、指導、販売・購買など様々な事業を行っている。最近、特に増えてきたファーマーズマーケット（直売所）も販売事業の一環であり、農協管内で作られている農産物ばかりか肉類や魚類まで品ぞろえし、地域にすっかり定着した。経営上からみれば、〝稼ぎ頭〟はやはり「信用」「共済」事業であるが、農協事業の本業は何かと問われれば販売事業、それも農業者が作った農産物を卸売市場などに委託販売することであり、農業者も消費者も受け入れやすい品質・価格でいかに売り込むかが求められている。地域住民である准組合員の増加などで「信用」「共済」事業に重点がおかれがちであるが、農協が社会に貢献する最も大きな事柄は農作物の安定生産と維持・拡大によってわが国の食を支えることであり、販売事業は農協にとって最重点事業といってもいいだろう。

販売事業の基本となっている「共同販売（共販）」は、農協法が施行された1947年以降に米などで始まったが、「**共販三原則**」として確立されたのは1970年代に青果物や花きの販売が農協単位で定着してからだといわれている。[1] 地域にある農協、県段階の県本部（1998年以降、県経済連や県果実連など連合会と全農の統合で全農県本部となったところが多い）、全国段階の全農の、いわゆる系統農協組織が農産物の販売を一元的に集荷、販売することによって多数の農業者の所得を安定化させ、再生産を可能にするために設けられたものである。ただ、全農と県連の統合に際し、青果物や花きについての販売権限は県本部に一任する（「**県域完結主義**」といわれる）ことが条件とされたため、青果物の販売については「全農」という冠は付いているが「本所」は一切かかわらずすべてを県本部に任せている。「共販三原則」は、圧倒的に多い零細な農業者が、買い手の買いたたきにあわないために個々で販売するのではなく農協に一元集荷することで有利販売に結びつける狙いがある。そのため農協の中に販売を担当する部署を置くことによって専門性を高めながら販売力を強めることにある。

「三原則」の第一は「**無条件委託**」である。農業者が農協に、農協が県本部・県連に販売を委託する際に、価格や出荷先・時期などに条件を付けないことである。野菜や果実は日々相場が変動し、出荷先の卸売市場によっても異なる場合が多い。荷が一定の卸売市場に集中してしまえば相場が下がることがあるし、他産地との関係で出荷時期によっても相場が変化する。このため、農業者に条件を付けられれば販売手法が制限されてしまうため「無条件委託」の原則が設けられた。第二は「**平均販売**」である。集荷された農産物を地域的、時期的な偏りがなく卸売市場に売り込むことで、農業者の所得を上げようというものであり、県段階の県本部・県連が主に出荷先の相場を予測して取り組んでいる。第三は「**共同計算**」である。青果物は販売先や出荷時期などによって販売価格にアンバランスが生まれる。これでは一元集荷・販売を農協に委託している農業者に不公平となってしまうため、一定の期間を区切り等級や階級によってプール計算して農業者に売上代金を支払うのである。

しかし、農協の販売事業の現状と照らし合わせて、「共販三原則」が時代に合わないものになっていることも事実である。「無条件委託」をとってみても、農業者が農協に条件を付けることは少なくないし、逆に、農協が農業者に条件を付けて集荷などをしている事例もある。農業者の場合でいえば、卸売市場の相場に対して不満のあるときに、多くは「相場であるから仕方がない」と思っているが、一部の農業者は販売担当者に直接不満をぶつけ、卸売業者に指値を求めるよう促すことがある。また、販売環境の変化に対応して農協はスーパーなど実需者の求める規格の青果物を農業者に作ってもらおうとする際に、部会など生産者組織の会合で規格や価格などで条件を付け、それに応じてもらえる農業者に生産を依頼、集荷することもある。なかでも、後者の場合、実需を特定した販売となるため「平均販売」も「共同計算」も難しくなり、必然的に「共販三原則」では対応できない。最近は、スーパーなどの売り先、売り場の確保に懸命になる農協が多く、圃場にあるうちから売り先（販売先）の決まっている青果物もあり、「共販三原則」は検証、見直しをせざるを得ない時期に来ている。

しかし、「三原則」以外の販売方法が先行していても検証、見直しを農協内で積極的に取り上げている事例を聞いたことがない。背景には、「無条件委託」などの原則がすべての農業者、青果物で実行されなくなったわけではなく、依然として多くの農業者は、生産した野菜・果実について条件を付けずに農協に販売委託している。また、「三原則」を見直すには組合員である農業者が作物別に組織している「部会」や「協議会」などの議決を経なければならない事情がある。「部会」などには零細な農業者も大規模農業者もいるし、同じ作物でも品質的に優れている物を作っている篤農家がいる一方で、とりあえず「作ること」に専念する農業者もおり、相互に利害は対立することがある。議決をとるとなれば組合員である以上、誰もが同じ1票を持っており、零細な農業者が圧倒的に多い生産者組織で「共販三原則」の見直しの賛意を得ることは難しい事情がある。

しかし、「三原則」が検証もされず、一部であっても意味をなさなくなっている事態を改めることは販売事業の今後の進むべき方向にも絡むだけに必要であろう。農協を取り巻く販売環境などに照らして、どのように方向付けをして変えていくか筆者がアドバイスを求められた農協のいくつかの事例から考えてみたい。

販売戦術による生産者組織の改編

農協販売事業が直面している課題は、スーパー、外食企業、業務・加工業者など実需者の要望に応える青果物をいかに生産、拡大して農業者の所得を増やしていくかにある。だからといって、農協の

「自己改革」でいうような実需者への直接販売を拡大することですべてが解決するわけではない。野菜や果実が生鮮品であるという特殊性を前提にして実需者の求める商品を的確に供給するには、量的・質的な調整を図り、価格を形成するなどの役割・機能を担う卸売市場を通した販売が主軸であることに変わりはない。では、その際にどのような方法で「共販三原則」を見直し、生産者組織の再編を実現していくべきなのであろうか。

まず、**販売戦術の構築**である。スーパー、外食業者、業務・加工業者といった実需者は、それぞれ求める商品が違う。スーパーはスーパーで、外食は外食で、業務・加工は業務・加工で要望が異なり、さらに個々の事業者によっても求める商品が違ってくる。そこで重要になるのは農協の「実力＝商品力」がどの程度なのかをつかみ、その「実力」に見合った販売先を見つけることである。これを「**特定実需販売**」と名付けるとすると、農協の販売担当者は卸売市場に「実力」と合いそうないくつかのスーパーなど実需者を紹介してもらうことから販売戦術がスタートする。既に、第2章で記述しているが、実需者探索の際に重要なのは担当者同士の信頼関係が基点になる。卸売市場であれば、産地の「実力」を知り、スーパーなどのバイヤーとも懇意な卸売業者・仲卸業者の営業担当者がいる。その担当者を介して農協の現場をバイヤーに実際に見てもらい、何をどうすれば商品化できるか判断することが、第一歩であろう。このとき、「あの野菜も、この野菜も」とよくばって商品化を狙うと失敗する。農協もスーパーも、市場業者の仲介で出会っただけであり、まだ信頼関係が成り立っていないのであるから、1つの青果物の商品化（店頭での販売）から始め信頼構築へと結びつけるべきであろう。

農産物の「実力」を他産地と比べて知っており、店舗ごとの客層が頭に入っているバイヤーであれば、ほぼ確実に産地に来れば1つや2つの商品化を立案できる。首都圏で300店舗近い食品スーパーを展開するスーパーで、実際に農協の生産現場に出向いたバイヤーに聞いたことがあるが、「○○の商品ならば××店舗など100店舗近くで扱える。△△も、うちにとっては興味ある商品になるな」と話してくれた。それでもあえて、1つの青果物の商品化から農協が始めなくてはならない理由は、その商品で相互の信頼関係を築くことが実需者攻略の第一歩だからである。

商品化実現を目の当たりにした事例でその過程をみてみよう。2010年頃のことである。本来ならば2~3枚詰めが当たり前であったセロリを、「1枚詰め袋で納められるか」という要望があった。農協では2~3枚詰めれば数量がさばけるし作業の手間も省けるが、1枚となると数量も手間も倍近くかかる。それでも、価格的に何とかなるであろうという目算と、そのスーパーとの今後の取引を考えて対応することになった。このとき、農協の経営者はセロリの産地での食べ方とは全く違うので後ろ向きであったが、私も「2~3枚から1枚に変更してほしいというのは実需者なりの判断がある。消費の実態から2~3枚では鮮度のあるうちに食べきれず、『とても多すぎる』という意識が私個人にもある」と、1人の消費者の立場から助言した経緯がある。

結論をいえば取り組みは成功した。販売した100近い店舗では毎日ほぼ完売であり、視察した農協担当者も「個数の変更でこれだけ売り上げが違うのか」と驚いていた。農協とスーパーはこの取引で信頼関係を一歩前に進め、その後10品目以上で取引を続けている。が、この取引の広がりで問題となってきたのが「共販三原則」である。農協では当初、アルバイトで袋詰めを変更するだけのことと認識していたが、取引品目が多くなると単に包装形態を変えるだけでは済まないことが起きてきた。「商品の無選別化」や「集出荷センターを指定した個別品目の商品化」などの要望が出てきたのである。そこで、この農協はスーパー、仲卸業者、卸売業者の3者を含めてそれぞれについて価格と数量を交渉して農協の「売値」と小売業者の「買値」を基本に商談を進め、その結果を持って農協の生産者部会などで説明した。部会に断りなしに実施すれば後々問題が起こりかねないので、面倒であっても部会を開き、そのうえで「その価格ならやってみよう」という農業者に手を挙げてもらい（以降、「**手挙げ方式**」と呼んでいた。直接販売で先進的な千葉県の富里市農協での実践事例に学んだ）で商品化していった。

「実行しなければならない」姿勢を

「特定実需販売」の取引品目が増えれば増えるほど、「無条件委託」や「平均販売」はもちろん、「共同計算」でさえできなくなるのは必然であろう。結局、農協では手を挙げた農業者だけの「共同計算」ということで対応せざるを得ないことになり、組合員である農業者全体を包含した「共販三原則」の例外が生まれた。しかし、実需者への積極的な対応を、卸売市場を通してできることがわかっただけでも成功であり、それと同時にこうした取引を他のスーパーなど幅広い実需者で展開する戦術を学んだことは大きな収穫であった。これに伴い「共販三原則」でこれまで通り販売する商品と、「特定実需販売」の商品を区別し、後者の商品を拡大することによって結果として「共販三原則」の見直しと、それに伴う生産者組織の再編へという戦略を筆者が提案したのである。具体的にいえば、実需者に対応して「部会」内に実需者ごとの分科会を作り、実需者の広がりとともに分科会を増やして生産者組織を改編させていく方法へと誘導する試みだ。研究者の中には生産組織の再編による販売事業の変革を訴える方もいるが、生産者組織の再編を先行させると「部会」内で軋轢が生まれ、その後の販売事業に支障をきたすことを考え、あえて実践を先行させ、農業者に一定の理解を得たうえで生産者組織の改編へと進める道を選んだのである。

もちろん、「部会」では「共販三原則」が原則であり、「部会」と分科会に2つに籍を置く農業者が出てくるが、それは一向に構わないと、筆者は考えた。大切なのは、実需に対応した商品を生産に反映させることで有利販売に結び付けることであり、それによって「共販三原則」を発展的に見直していくことで、販売実態にあった検証をしてみたのである。この取り組みは生産者組織（部会）内に分科会を設けるところまで、まだ到達していない。未完のままであるものの、その目指した方向はいまでも間違っていないと思っている。この農協が今後、「特定実需販売」を拡大していければ、「共販三原則」の見直しは避けては通れない課題であり、それが実現できれば販売事業そのものを飛躍的に変革することができると確信している。

ただ、そこまで到達させるには課題が山積する。まず、生産事務が煩雑化することである。卸売市場を通しての同じ商品の出荷であっても、「プール計算」は「部会」と分科会ごとに分けなければならず、「特定実需販売」の品目が増えれば増えるほど事務の煩雑さは増す。特に、農協が商品を実需者に直接販売することがこれに加われば、実需ごとに入金日が1日、15日、月末などと異なり、事務の煩雑さは想像以上である。そこで、直接販売であっても「帳合い」だけ卸売市場・卸売業者を通して行う方式に変更、煩雑な事務の一部を改善した。精算システムを構築すれば事務を合理化できるが、それでも「特定実需販売」や直接販売が増えれば入力作業などへの人材の増員は避けられない。また、実需者探索とその商談の難しさの克服もある。具体的にいえば零細、大規模、法人などと農業者が分化している現状を認識しながら、誰もが「農業者所得を向上」できる実需者探索と商談を進めることは難しい。商品を指定してくるのは多くが実需者であり、農協も売り込みたい商品を商談で提案するが、両者が合致することは少ない。「求められる商品」と「売りたい商品」の2つを追うことは販売担当者の増員とその能力の向上、さらにあらゆる商談の機会を活かしていく――など積極的な販売事業の改革が求められる。「特定実需販売」の肝はこの点にあり、事業改革の本気度が試される点でもある。

実際にいろいろ筆者が提案した経験からすると、重要であるのは、「できるのか」ではなく「しなければならない」姿勢であろう。経営トップや担当者らに事業存続が危ういという危機意識がなければ、「特定実需販売」などは限定的になる。問題は、このままでは「自分の席がなくなる」と販売担当者が思えるほどの危機意識を持てるかにかかっている。また、大胆な人事異動と人材の配置はもちろんだが、販売担当者をプロにする人材の育成には時間がかかることを念頭に、経営トップが代わっても同じ危機意識を持って取り組み、引き継ぎがなされることが極めて重要である。また、中間管理職は入組年数の短い職員の手本となり、農協事業の置かれている現状を十分に認識して日々の行動に反映させ、販売事業を立て直す姿勢を末端にまで知らしめることが欠かせない。

注

（1）田渕直子「北海道における農協「米共販」の構築と良質米産地の対応」『北星学園大学経済学部北星論集』第42巻第1号（通巻第42号）参照。

農業分野に進出する金融機関

農協の信用事業の競争相手は、地域にある「ゆうちょ銀行」、地方銀行などのほか信用金庫、信用組合であろう。このうち地銀や信金、信組は中小のスーパーをはじめとする食にかかわる小売店との繋がりが多く、最近、農業・農村地帯に積極的なかかわりをみせている。地銀などは小売店向けの「食」の商談会を盛んに開催し、小売店と農業者を結び付けることに躍起になっている。もちろん、地銀ばかりではない。東京都内の信金では、管内のケーキ屋に融資しているが、納得するイチゴの確保が難しいと知るや埼玉県のイチゴの農業者を訪ね、ケーキ屋の代わりに商談を進めていることを、以前、その信金担当者から聞いた。「預金や貸金業務だけでは新たな資金需要が生まれない。取引先の本業を支援することが、これからは欠かせない事業の一つ」というのである。「**本業支援**」はもっともなことであるが、農協にとって厄介なのは支援の結果生まれるのは融資などの拡大であろう。小売業者と農業者をマッチングさせ、双方の要望に応え取引先として確固たるものにできれば小売業者ばかりか農業者への融資や投資も当然考えられることであり、農協の信用事業も圧迫を受けざるを得ない状況が、いま進んでいる。

農協の競争相手ともいうべき金融機関のこうした動きが、さらに全国規模で広がりつつある。信用金庫（信金）の全国組織、信金中央金庫[1]が子会社として、地域商社「しんきん地域創生ネットワーク株式会社」を2021年7月に創設した。狙いは2つあり、1つは「地域商社」事業として、地域における商品・サービス等の付加価値を向上する支援、2つめは「地域創生コンサルティング」事業として、地域活性化に係るコンサルティング、情報収集と分析である。人口減少や高齢化、デジタル化の進展、新型コロナウイルス感染症への対応など、これまでにない環境変化のなかで地域の金融機関に求められているのは地域の企業などの本業支援や新たな事業の創出を主体的に取り組むことである、として信金中央金庫は100％子会社を設立した。

これだけでは抽象的で事業内容を理解できないのでネットワーク株式会社の高田眞社長の話[2]から詳細を探ると、その狙いが明確になる。高田さんの指摘は、金融機関を取り巻く大きな環境の変化の下では、これまでのサービスでは小売業の新たな資金ニーズは生まれず、取引先（小売業などの中小企業）から本業支援を求める声が強くなっている現状を直視すれば、本業支援＝販路の拡大が重要なテーマであるという。従来のような商談会やマッチングなどの機会提供も重要だが、他方、商品の開発やプロモーションなど取引先の多岐にわたる課題に応えていく必要も出てきた、との認識だ。「しんきんネットワーク」の狙いは、「（取引先の）売上高を伸ばし、資金ニーズが生まれるというサイクルを循環させるために、もう一歩踏み込んだ販路の拡大支援が（全国の信金の個別の支援とそのネットワークで）必要になる」とインタビューで話している。

具体的には、「**地域商社**」事業としてこれまでの商談会やマッチングによる販売機会の提供に加え、（小売業であれば品ぞろえしている）商品のブラッシュアップ、マーケティング、プロモーションといった「モノを売るプロセスに積極的にかかわっていく」という。つまり、「消費者目線」を持ちながら生産から販売まで一貫してお手伝いしようという考えである。食品関係については、さらに追求して「見た目だけではなく、味も大事なので（専門の）シェフに繋ぐなど、少しずつ（食に関連する）有識者を増やし、いろいろな相談に対応できる体制を構築したい」と構想しており、消費者ニーズを把握しているスーパーのバイヤーへの営業代行なども行いたい考えである。また、県域、地域を超えた商品のカタログ販売にも取り組む。信金のある県域、地域以外で他の信金が支援している商品を得意先に売り込む方法である。その際、手数料に工夫を加え、他信金の商品を販売した場合は上乗せして当該信金にも損ではない工夫を凝らしながら、信金相互の連携を深めていくことを既に実践している。農協の販売事業でいえば、農協ができないことを県本部・県連が県域を、全農が全国域をそれぞれまとめる視点から支援していこうという考えと読みとける。

もう1つの「**地域創生コンサルタント**」事業も農協にとって無視できないものといえる。対象は自治体であり、抱える課題を協働で進め、地域の信金だけでなく、全国の信金の取引先を含めた「面」的なサポートをする事業である。特に強調しているのは、全国254の信金ネットワークを活かすことで、その自治体だけでなく関連する問題の解決に取り組んだ他の自治体の手法を学んで全国の自治体が共通して抱える課題の解消にあたることであり、協同組織・信金と自治体という枠を超えて信金の今後の事業のあり方を探りたい意向である。

農協はどう対応するか

地銀、信金、信組は、「食」でいえば消費者への「売り手」から、「農」やそれを支える農協事業に迫ってきている。「農」から「売り手」を探す農協とは真逆の立場であり、両者の提携が考えられないわけではない。しかし、農業地域に事業拡大する金融機関の最終的な狙いは、貯金の獲得と資金ニーズの新たな掘り起こしであり、特に取引先への融資などによって収益を向上させることにある以上、信用事業を抱える農協としては手を結ぶことができまい。しかし、金融機関が個別に農業者、法人、大規模農業者への接近を着実に図っている以上、その対応策を早急に練るべきときにきている。実は、全国の農協が販売事業で販路の拡大を模索しているときに、150億円程度の野菜や果実を販売するある農協が2015年頃、高田さんのいう「循環サイクル」の取り組みを始めた。その農協は農業法人を組合員として抱えていたことから、農業資金需要と販路の拡大をセットで考え、実行に移す段階まで来た。一時は組織改革によって大掛かりな仕組みを模索したが、それが実現できなかったために、「先進導坑」に取り組んでいる課に法人係（正式ではなく、実質的に）を設け、対象農業者を絞った販路の拡大に乗りだした。

既にスタートしていたA法人と外食企業の一地域での取り組みが好評だったことを受けて、全国規模に展開することを外食企業側から提案され、特別な納品規格を作って取引を開始し、同法人の扱う野菜の販売額が大幅に増えていた。その結果、販売手数料も引き上げると同時に、この取引を継続することで**融資話**までもっていく算段をした。組織内連携や信用部門の融資基準の問題などがあり実現には至らなかったが、法人や大規模農業者を対象にした「特定実需販売」（91頁参照）を実現できれば農業資金需要が生まれる手応えを感じていた、と担当者はいう。法人係はこの結果を踏まえて法人や大規模農業者抜けの「勉強会」を企画した。農業や小売業者などを取り巻く環境の変化などを知ってもらうことによって、「特定実需販売」が法人らの収益の向上に役立つこと、それを実現する過程によっては新たな資金需要が生まれることを期待した。ただ、これも役員改選、人事異動などでいまはほとんど機能しておらず、立ち消えといっていい状態である。農業者側の期待に添えきれない農協の態勢を変えない限り、販売と信用事業を連動させた新たな事業創出は難しく、他金融機関の農業者への個別撃破をとめることはできないのではないかと、その農協の実践行動を直接みながら筆者は実感した。

営農指導、信用事業との連携

販売担当者と営農指導担当者との連携の重要性は、系統農協では長い間、言われ続けてきたことである。しかし、指導と連携が深まっている事例はそれほど多くない。消費者の求めるものが多様化、細分化するなかで、求める商品を作ろうとするならば販売がその何たるかを探り、それを指導が的確につかみ、農業者に伝えていくということは当たり前のことであろう。同じ集出荷センターに両部署があっても、同じ品目の担当者同士の会話がない、という話も聞いた。販売担当者が専門知識を得たならば、指導担当者はその知識を共有して農業者に消費者の求める商品を作るよう誘導しなければ連携は永遠にできない。

筆者はある農協に対し、販売センター長と指導センター長の2人態勢を改め、1人のセンター長が双方を掛け持ち、その下に販売と指導の次長制をとるよう助言したことがあった。数か所の集出荷センターのうち花き部門が1人センター長制になったが、次長制を敷かなかったためセンター長の仕事量が過重になった。しかし、次長の役回りをする方の出現やセンター長の努力で、販売と指導の連携を上回る一体化が図られた。もともと、両部署の担当者が時間を作っては近隣の小売業者を回り、花きの消費動向を探っていた実績があったことも背景にあることは見逃せない。デフレや「コロナ禍」で花きの売れ行きが芳しくないなかでも、消費者が求めている切り花についての情報を販売担当者と指導担当者が互いに共有し、その花を作るため篤農家に依頼して若手農業者を対象に栽培技術などを教える「寺子屋」教室を開くなど実践的な取り組みもしている。また、出荷規格の見直しなどできることは何でもするという姿勢で、両部署の垣根を超えた態勢を取ろうとしており、「やればできる」見本のような農協の集出荷センターである。

肝心なのは誰のための、何のための販売であり指導であるのかを考え行動することであろう。指導担当者は単に現場に出向いて農業者と会話をすることではない。「売れる」商品を作るためにすべきこと、有効と思われることのすべてを実行に移すために出向くのであり、意味もなく農業者と雑談しても何の成果も得られない。少なくとも①買い手のことを考え野菜や果実を作るよう指導しているか。

作物は土にあるときから商品であることを自覚して「指導」にあたっているか、②天候に左右される青果物であるが、「天候」の変化を常に頭に置いて担当者としてすべきことを農業者とともに考え、実行しているか。野菜や果実など作物を観察していればわかることがいくつもあるのに、それを怠って「天候」のせいにしていないか、③農業者・農協には青果物を量的にも質的に増大させて社会的に貢献する責務がある。生産・出荷量を適時的確に把握して、販売担当者を通じて売り先にその情報を提供しているか——こうした「**指導原則**」を徹底するならば、販売との連携は必然であろう。連携ができていないのは「指導原則」を実践できていないからであり、農業者に「出向く営農指導」とは「原則」を念頭に、作柄情報を販売と共有して農協の農業力の底力を引き上げることである。

一方、今後は販売と信用事業担当者の連携も欠かせない。他の金融機関に農業者の〝一本釣り〟をさせないためには、販売事業を手助けする農業者向けのサービスを信用事業も採らねばならない。農林中金は2021年5月に「農業における役割発揮の検討方向について」をまとめ、持続可能な農業の実現などを目指すべき系統農協の姿として公表した。その基本目標に「農業者の所得向上」「農業生産の拡大」「地域の活性化」の3つを挙げ、そのうえでビジネスモデルの転換として従来の「信連・農林中金の市場運用へ過度に依存しない収益構造の確立」を図るため、全国連としての農林中金、県連としての信連、地域の農業者を支える農協、それぞれの役割分担を明らかにした。具体的には、農林中金は全国域・海外の企業を対象に農業者の売り上げ増大に寄与する一方で、農協や信連は地域単位で農業生産コストの低減や農業者の経営安定などに取り組む方針を打ち出した[3]。

このうち「**農業経営の安定**」は農業者に対する投資や融資、コンサルティングなどであるが、いま必要なことは販売ルートの拡大と投・融資、信用部門が販売事業強化のためにどこまで助っ人できるかである。いくつも課題はあるが、販路の拡大と農業者の資金需要は連動したものであり、販路の拡大なしに資金需要を生み出すことはできない。先行すべきは売り先を明確にした販売先を販売担当者が確保して、農業者の生産意欲の拡大と資金ニーズを掘り起こして投資や融資話を持ち出し、生産・出荷量の拡大・農業者の所得向上に寄与することである。

先に記述した販売担当部署に企画係を置き、法人や大規模農業者を対象に販路拡大を持ち掛け、その実現と並行して農業者に資金ニーズに応える構想が頓挫した一つの理由は、農協の信用事業が財務諸表を投資や融資をする際の最大の資料としており、販売担当が探り出した販路の拡大案の実現可能性や法人・大規模農業者の経営に向き合う姿勢などを、あまり考慮しなかったからである。農協は投資や融資をする際、借り手の財務諸表などに基づいた基準があり、その基準に該当しなければ資金ニーズがあっても応じないことが少なくない。融資の「焦げ付き」がでれば担当者の責任になるし、農協の財務にも影響を与えるのでわからないわけではないが、販売担当者の努力で販路の拡大の目安が付き、生産拡大にも乗り出せるというのであれば、たとえ財務諸表が多少悪くとも法人などの経営者の農業に向かう姿勢などを評価して、農協内で販売と信用担当者が話し合い結論を見出すべきであろう。そのためには、第4章で述べた卸売業者の「評価基準」ではないが、法人や大規模農業者への「投・

融資基準」を販売担当部署と協議して作成し、信用部門に従来からある投・融資の基準とは異なる要素を取り入れた新たな基準を担当者が代わってもわかるようにすべきであろう。

農協の「**総合力**」とは本来、そういうものであろう。今日のように国内農業の担い手が不足しているなかで、担い手が将来にわたって担い手であってもらうために農業者の資金ニーズを掘り起こす必要がある。まず販路の拡大を販売担当者が先行して見つけ出し、農業者に生産拡大への意欲があるならば、信用事業担当者とともに投資がいいのか、融資で対応するか検討すべきではないか。販売事業の拡大は、営農指導、信用部門とともに農業者と向き合うことで実現する。農協は現在の縦割り的な事業のあり方を見直し、三部門が連携できるポジションを作ることである。その結果が農業者の所得向上すなわち国内青果物の量的・質的な拡大につながり、農協の社会貢献へと発展すると筆者は信じたい。

注

(1)東京商工リサーチのホームページによれば、信用金庫は中小企業や地域住民のための協同組織の金融機関であり、全国に254、店舗数約7100でネットワークを形成し、900万人を超える会員を擁している、という。信金中央金庫はその全国組織であり資金量は35兆円、国内に14店舗、海外に6拠点であり、信用金庫の業務を補完する役割を担う。

（2）東京商工リサーチのホームページに独占インタビュー（2021年10月4日）として掲載。https://www.tsr-net.co.jp/news/analysis/20211001_01.html

（3）農林中金はこの方針のなかで「市場環境の変化を踏まえた集中運用・還元の見直し等」として、2022年度から奨励金（利息）を支払う預け金の部分について上限額を設定することを明確にした。また、既に52農協に対して農林中金等・専門家による営農・販売事業コンサルティングを実施している。今後、経済事業額の大きい農協約200を念頭に県域実需を踏まえ取り組みを拡大する予定である。

第7章　卸売市場との連携を探るために

農協の「直接販売」はなぜ増えないのか

農協の販売事業や卸売市場法の改正に、政府がかかわりを深める契機となったのは2012年に発足した第2次安倍政権が打ち出した「3本の矢」のうちの一つ、構造改革と民間活力導入による「成長戦略」方針からである[1]。民間議員らによって構成された規制改革推進会議などが2016年11月に、農業者や農協が実需者・消費者に直接販売するよう求めたほか、卸売市場を「種々のタイプが存在する物流拠点の一つ」と決めつけ、「時代遅れの規制は廃止する」と意見を公表したのが実質的な始まりである。これを受けて政府の農林水産業・地域の活力創造本部が「**農業競争力強化プログラム**」を決定し、直接販売への傾斜と卸売市場法の改正が具体化へと進み始めた。こうした経緯からみれば、農協の販売事業改革と卸売市場法改正はいわば「セット」になったものであり、農業者・農協が消費者らに直接販売することが増えれば増えるほど、卸売市場流通の国産青果物経由量は減少していくことになる。また、卸売市場への委託販売を主軸にしてきた農協の販売事業も変わらざるを得ない事態に追い込まれるため、卸売市場も必然的に変質せざるを得なくなる。

しかし、農協は協同組合という民間組織である。その行為に違法性がなければ政府の方針に必ずしも従わなければならないわけではないが、そうはいうものの農協法があっての組織であり、「お上」の意見を全く無視することもできない立場でもある。全中はそのため、「自己改革」と称して2019年の農協全国大会で「直接販売の拡大」や目標を設定したが、その後の経過を農水省の総合農協一斉調査で見る限り直接販売は増えていない。

なぜ、直接販売は増えないのか。それは農協の販売事業が多数の農業者の生産・出荷物を扱い、多くの等・階級品から成り立つ商品を委託する方法で受け、それを多数の実需者（消費者）のニーズに対応して売り込むことが前提となっているからである。天候に左右される青果物を、全国の需給実勢を見極めながら販売するとなれば、卸売市場流通が最も適したものになる。もし、農協が直接販売を主軸とすれば、委託販売の卸売市場の相場との差額が出た場合、その差額が農業者に「所得増」になればいいが、逆の場合は「所得減」となってしまう。全国の需給実勢を把握できない農協が直接販売する場合、後者のケースが多く、そうなるとその後の販売に支障をきたす。このため、農協は直接販売する際には、青果物を農業者から買い取る販売（買取販売）を前提として行わざるを得ない。しかも品目も、販路の目安が付くものに限定するなどしてリスクを回避する手段を講じないと、専門的な知識のない担当者が多い農協ではとても対応できるものではない。政府の狙いが、信用事業の縮減や代理店化によって生じる人員を販売事業に回すことで直接販売の拡大を図ることにあるにしても、農協は信用事業も含めた「総合農協」であり、さらに青果物の特殊性をあわせて考えれば、販売だけを司る専門的な子会社などを作らない限り農協という組織の範疇では直接販売は無理があるといえる。

しかし、そもそも論でいえば「**買取販売**」は農協組織にはあり得ない手法である。農協は農業者が出資した組織であり、販売担当者は農業者から委託された青果物を売り込む職員に過ぎない。農業者自身が出資して作った農協が、その農業者から青果物を買い取ることは「自己売買」であり、その損益は回りまわって農業者に戻ってくる。担当者に専門的な知識が十分あったとしても、全国シェアがよほど高い品目でもない限り実需者らと価格交渉することは極めて難しい。それを知らずに「買取販売」などで直接販売すれば、多くの場合は利益より損失が出てしまうことになる。その損失は結果として販売事業の赤字となり、農協の損益に影響を与え、ときには出資者である農業者にも及ぶことが少なくない(2)。

実際に筆者が聞いた話で説明すれば、キャベツを業務・加工用として直接販売している農協で「赤字」を出したことがあった。あまり専門的な知識のない担当者であったことが主な要因であるが、実需者と向き合う場合、価格（売値）を交渉すること自体難しく、その後の荷の引き渡しをどうするかなど細かな問題もある。実需者が交渉決着後にすぐさま荷のすべてを自社のセンターに運び込むのであればいいが、まずそうはならない。必要な数量を、必要なときにセンターに納入することが多い。その際の保管料、損耗費、物流経費などは誰が負担するのか、というコストの問題が生じる。単に売値だけ決めれば商売は終わりではない。その後に発生する費用をどちらが負担するかといったことまで交渉過程で決めておかないと、保管料も損耗費用なども農協が負担することになりかねない。キャベツで「赤字」を出したのは、そうしたことを事前に頭に入れて交渉しなかった結果である。野菜は腐りやすく貯蔵が効かないので農協の保管倉庫としては冷蔵施設が必要になる。そうした施設整備なども完備されていなければ、野菜などの直接販売はよほどのことでもない限り不可能に近いといえる。

農協組織が系統組織として2段階あるいは3段階になっているのは、役割分担があるためであり、その役割をそれぞれの段階で十分に発揮していれば、農協が実需者や消費者に直接販売すること自体が不要である。直接販売するにしても限定的な品目であったり、消費動向を探ることを第一に考えた数量に限ったり、あるいは農協の事業基盤である地域の学校などの給食の食材として提供する[3]などのときに取り組むべきものであろう。

販売事業の人材育成

販路の拡大には専門的な知識が欠かせない。しかし、農協には販売の担当者はいても彼らが専門的な知識や能力をいかんなく発揮できるまでには至っていない。また、販売と営農指導の連携さえままならないなかで、信用事業との連携などほど遠い話である。それでも、農協を取り巻く環境の変化によって販売はもちろん、営農指導や信用事業も厳しさを増しており、何とか「総合力」で事態の打開策を考えねばならない状況にあるといえよう。では、具体的に何をどう変えていけばいいのか、考えてみたい。

まず、**販売担当者の人材育成**である。担当者の人数を増やすだけではなく、専門的な知識をいかに習得させるかにある。時間がかかることではあるが、戦略的な計画を立て、専門家の育成を図っていくしかないことを、まず経営トップが理解して、実行しなければならない。当面は、間違いなく「費用対効果」を考えれば「費用」が「効果」を上回る。それでも、農協の置かれた現状を思慮すれば取り組まなければならない課題である。では、どう進めていくのが最善であるのか。少なくとも、短期、中・長期の計画を立てる販売事業の改革を手始めに、営農指導事業との連携、さらに販売と信用事業との共同行動へと結び付ける必要がある。

はじめに取り組むべきことは、現在の**販売事業の業務の見直しと専門職員の育成**への着手であろう。販売事業の主な仕事が集荷と分荷と考えている農協が少なくないが、両者とも業務の一つではあるが単なる「集荷・仕分け」作業でしかない、といってもいい。販売事業の主目的は、その作業の前段ともいうべき業務である。どの卸売市場、どの実需者に、どの程度の品質の青果物を、どのくらいの価格で売り込むかを的確につかむことが第一である。この仕組みを作り上げるだけの専門知識があれば、あとは売り先に「仕分ける」だけの作業となり、「分荷」が主たる業務とはいえないことがわかるだろう。問題は担当者が「分荷」の前段を会得しないで、卸売市場や実需者と価格交渉をして、相手が卸売市場であるならば指値で希望価格の実現を迫ることに明け暮れていることである。

販売の専門職員の育成には時間がかかるが、地道に実施すれば3～5年でできる。まず、自分の農協で作る青果物の主たる委託先である卸売市場がどんな存在価値をもつか学ぶことから始まる。卸売市場は中央卸売市場と地方卸売市場、その他の市場があるが、市場によって得手不得手の野菜や果実がある。中央卸売市場であっても卸売業者によって野菜に強い、果実に強い市場があるし、野菜でも特に家庭用が主な売り先であったり、業務・加工用であったり、スーパーの買い出しが多いあるいは専門小売店が多い等、それぞれ得意分野が違う。そうした卸売市場・卸売業者の違いを学習して、そのうえで農協が出荷する青果物のレベルが全国でどの程度であるか、品目別に知っておくことが欠かせない。「わが農協の野菜・果実は全国一」と思いたい気持ちはわかるが、野菜や果実を取り扱う卸売市場・卸売業者は品目ごとに全国の農協から出される商品をみており、その「目利き」は仲卸業者とともに貴重な存在である。

農協の販売担当者が毎日、多数ある卸売市場へ出向いて一つ一つ経験を積むことは事実上困難である。もし、東京や大阪などの卸売市場に「駐在員」を配置している農協であれば、少なくとも月1回は「駐在員」を呼び戻して本所や集出荷センターの販売担当者を対象にした勉強会を開くことを薦めたい。少なくとも2~3年、「市場駐在員」としてもまれた経験があれば、販売の専門的な知識を十分得ているはずである。それも単に卸売市場の違いや農協が出荷する青果物の品質レベルだけではなく、卸売市場に集まるスーパーや外食企業、業務・加工業者など実需者の情報も具体的に知り得ることができる。残念なのは、筆者の知る限りにおいて「駐在員」を本所が勉強会講師として呼び寄せられている事例は聞いたことがない。「駐在員」はあくまで、本所やセンターの手足に過ぎず、話を聞く相手ではないと認識されている例が多い。「駐在員」である知人は、こうした「格下」の扱いに不満を抱えながらも日々の業務をこなしているが、農業者の中には「駐在員」の情報を貴重なものと考え、耳を傾ける人が少なくないのも現状である。その認識の差が、農協販売事業の問題点の一つでもある。

また、「駐在員」がいないのであれば県本部・県連の市場駐在職員を招き、同様な勉強会を開くことである。その際、大切なのは誇張しないありのままを、不満も含めて具体的な事例を挙げながら指摘してもらうことである。農協にとって、それらが不満であっても、実態を正確につかむことを優先すべきであろう。県本部・県連は、どちらかといえば当たり障りのないことを農協で言うことが多いが、そうした勉強会であれば意味がない。農協における専門職員育成の第一歩は、どこまでも真摯に物事を伝え、あるいは聞くことである。そのうえで、農協の販売担当者も、年に数回、卸売市場に出向き、受託する卸売業者はもちろん、仲卸業者やスーパーバイヤーにも会い、出荷している青果物に対する評価を素直に聞き、消費動向などもあわせて話題に出していくことが重要になる。こうしたことを実践すると、卸売業者らの持っている情報の重要さがわかり、卸売市場の役割や存在価値がこれまで以上に理解できるようになる。ただ、年に数回、卸売市場に出向くといっても、挨拶回り程度であれば意味がない。出向く時期は担当品目の出荷前、出荷中、出荷後である。出荷前は今期の作柄見通し、他産地の状況、消費の動きなどを話しながらスタート時の相場の見通しを探り、出荷中は着荷の不具合やスーパーなど小売業者の動き、今後の動向、出荷後は今期の当初見込みとの違いがなぜ生じたか――など具体的な事柄を話し合うことで、担当品目はもちろんだが、それ以外の品目についても関連性を知ることができるだろう。

地道な積み重ねを3~5年すれば、少なくとも専門的な知識の端緒はつかむことができる。事例の一つを挙げると、市場に「駐在員」を置いていないある農協の果実担当者は出荷時期の2か月前に1度、出荷先の卸売市場・卸売業者や仲卸業者、得意先のスーパーなど実需者を訪ね、生育状況や消費動向、他産地の情報を交換し合う。さらに1か月前になると再度上京して現状のままでいけばスタート時の相場がどの程度になるかなど詳細を詰める。担当者に話を聞くと、「市場業者らといろいろ話しますが、まずは品目の生育状況を正確に伝え、他産地の情報や前売り（小売業者の販売状況）と照らし合わせてスタート時の相場を決めていく。生産量が少ないから高値スタートなどというのは昔の話で、いまはどの程度の相場で始めれば売れ行きがいいか、それを販売期間中に大きな下落もなく維持させるにはどこのスーパーの数量をもう少し増やしてもらえるか、商談内容は細部まで行う。事前の話し合いがなければできないことばかりだ」と語る。

また、県本部・県連で卸売市場に駐在事務所を置かない場合は、県農協中央会が主催する流通研修会への出席や民間団体が実施する農産物流通研究会に参加することを薦めたい。特に、後者は多くが卸売市場の関係者や研究者が講師となるので農協自身の販売実態を頭に入れながら聞き、わからないところは必ず質問し、講師との名刺の交換で関係性を築くことも忘れてはならない。もちろん、参加しただけでは意味がない。農協に戻ったら稟議書に報告を書くだけで済ませるのではなく、担当役員を含めて仲間の販売担当者らへの**報告会**を開き、学んだことを共有する前向きな姿勢が必要である。筆者は各種の研究会などで卸売業者やスーパーバイヤーらとともに講演する機会があるが、見聞したことを後日、農協で報告するという参加者に出会ったことがない。高い参加費を使いながら自分だけのこととして処理してしまうのはもったいない。こうした心がけは、農業者に業務を委託された農協職員として当たり前のこととなるような「組織風土・文化」を養ってもらいたい。

農協にとって販売の専門知識を持った人材を育成するのに、卸売市場ほど役立つところはない。その市場の卸売業者・仲卸業者と相通じる関係を築くには、「信用」がそのもとになくてはならない。もちろん、卸売業者にも専門知識の乏しい人材がいるが、何度か足を運び、話し合えば、専門知識のあるなしや、その人柄は見えてくる。「ない」ならば、仲卸業者に出向き話を聞けばいい。そのためには、ただ教えを乞うだけでなく、自身も勉強して専門書を読むことなど座学でも知識を手に入れることが必要であろう。何度も指摘するが、そうした人材を育成するのは、経営トップが専門知識を持った販売担当者を育てるという決意を持ち、人事異動のあり方を常に頭に置くことが必要だろう。その結果として人材が育てば、担当者はおのずと何をどうすることが農業者のためになるのかがわかり、その方向に農業者を誘導する提案ができるようになる。

卸売市場との協働

卸売市場には卸売業者や仲卸業者、それに専門小売店（八百屋さんら）が売買参加者として毎日、相対取引やせりで取引を行っている。相対取引が圧倒的に多くなったとはいえ、希少価値の野菜・果実（アールスメロンやマンゴー、ルビーロマンなど）や個選物は全量がせりにかかる。スーパーが卸売市場に事務所を構えたり、週に数度、せりを見たり、卸売業者や仲卸業者と話し合っているのは、相対取引で商品がスーパーの集配センターに納入されるようになっても卸売市場で実際に商品を見聞し、産地の情報、価格動向などがどう変化しているか確認して、それぞれが抱える店舗に合った的確な品ぞろえをするためである。業務・加工用の取引が少ないといっても、懸命な業者は卸売市場に出向き生産状況や相場の動向などを探って国産の直接仕入れや輸入をどこまで手当てするかの算段をしているし、輸入業者も出入りして国産の出回り具合を市場関係者に聞いて回っている。知人の輸入業者は「国産と競合するものは国産産地の作柄状況やその見通しなどを軸に話を聞く。輸入物を卸売市場に出すことはしないが、市場外で取引する際に当該作物の全国的な状況を知らないと失敗することになる。1991年の9月の長雨があったときなどレタスで痛い目にあったから、国内産地の作柄状況は同じ作物でも数人に確認して把握している」という。1991年9月を一つの事例に挙げたのは、台風・長雨でレタス、ハクサイなどが関東産を中心に大打撃を受け、東京都中央卸売市場でレタスが1ケース(10キロ)1万円の高値が付いたからである。輸入業者はその際、次に出てくる産地の作柄を注視していたが、作柄情報が結果として「誤報」性が強かったことで、米国からのレタスの輸入を増やした輸入業者は大きな損失を出した。「**情報は命である**」ことを痛いほど知っているため、わざわざ人の出入りの激しい早朝から卸売市場に出向き、卸売業者や仲卸業者らから直接話を聞き参考にしているのである。

特に、集散規模の大きな卸売市場ほど情報が集まるため、スーパーなど小売業者も業務・加工業者も大規模な卸売市場に朝早い競売時間に間に合うように出向く。このため、県本部・県連、農協も東京・大阪の大都市の大規模卸売市場に事務所や「駐在員」を置き、取引の代理人である卸売業者だけでなく、仲卸業者やスーパーのバイヤーらと話して情報を集めたり、店舗まで出向いて売れ行きを探ったりしながら、新たな販路拡大にも動いているのである。残念なのは、こうした販売事業に欠かせない貴重な存在である卸売市場を農協が軽視するケースが最近、多くなってきた。東京都中央卸売市場・大田市場には9階建ての事務棟があるが、創設された当時に事務所を構えていた県本部・県連が撤退したり、農協の「駐在員」が去っていったりしている。費用対効果で「費用」が上回ると判断した結果であろうが、果たして「効果」が出るような業務をするよう出向者に働きかけていたか、検証しているのか疑問である。

情報の収集に飛び回っている県本部・県連職員、「駐在員」がいる農協は、まず「費用」が上回るとは決していわない。卸売業者との相対取引（卸相対）だけで済ませたり、仲卸業者やスーパーなど実需に出向いたりしていないところほど費用対効果を持ち出してくる傾向にある。卸売市場に人員を派遣させ何をさせたいかを明確にしているところは、販売事業における派遣効果を知っているといっても過言ではない。「地元にいても出来る書類の作成が多くて困る」などの声を「駐在員」らから聞くと、農協の役員や部長など中間管理職さえ卸売市場への人員派遣の意義を十分に理解しないまま指示を出しているとしか思えない。それは考え詰めれば、卸売市場の役割・機能をしっかりと認識していないことが根底にあるからであり、卸売市場の業者を「荷受け」「買い受け」業者といったレベルでとらえているのだろう。しかし、卸売市場という施設が実は有機的な働きをしており、消費者の食を支える「縁の下の力持ち」として重要な存在であることに気付けば「駐在員」の重要性が理解できるのではないか。

食生活など取り巻く環境の変化のなかで、卸売市場も「変化対応業」へと徐々にではあるが変わりつつある。変われない卸売市場であれば、今後淘汰されることは間違いない。卸売市場を変えつつあるのは、そこで業務をする卸売業者や仲卸業者が入荷量の減少などで「危機意識」を高めている結果である。出入りする実需者らも、消費の変化にどう応えていくかが頭から離れない。突然の「コロナ禍」で卸売市場の卸売業者、仲卸業者とスーパーなど実需者が見せた行動が如実にそれを物語っている。改正卸売市場法を含め、環境の変化にいかに対応するか――農協販売事業はそうした業者との信頼関係を築き、それをもとに取引を実現できるようにすることが、いま求められている。

特に、卸売業者は出荷者の販売代理人である。財務諸表がたとえ悪くとも、信頼できる経営者と社員が一体感を持った卸売業者であれば農協の販売事業の〝助っ人〟となり得る。卸売市場の業者を「上から目線」ではなく、「協働」の相手として考えなければ、わが国の卸売市場制度は間違いなく崩壊へと進む一方、農協の販売事業も担い手不足などの加速化で衰退していくであろう。

注

(1)デフレの脱却と富の拡大を目指す政策で、「大胆な金融政策」「機動的な財政政策」「民間投資を喚起する成長戦略」の3つを基本方針として掲げた。このうち、「成長戦略」をまとめるため政府は日本経済再生本部を設置。その下に具体的な戦略や計画、実行策を決める規制改革（推進）会議や産業競争力会議、未来投資会議など設け検討を始め、2013年6月に「日本再興戦略――JAPAN is BACK」を打ち出した。その後数度の改定を重ね、「機構改革によって民間活力を最大限に引き出す」ことを柱に据えた。農業・農協については2013年6月の「再興戦略」で「今後10年間で農業・農村全体の所得を倍増させる戦略を策定する」として、同本部の下に「農林水産業・地域の活力創造本部」を設置、具体的な改革案は規制改革（推進）会議などが決め、その政策化と実行・推進案は農水省が担うことになった。「創造本部」は第一次の「プラン」を2013年12月に決め、その後2020年12月までに7回の改定を行った。

（2）2017年8月の監査で発覚した秋田県のJA秋田おばこの米穀取引のおける直接販売の約12億5000万円の未収金と共同計算会計で約50億円の累積損失が発生した問題がある。同JAの2018年1月の総代会説明資料によれば、2004年から直接販売（農協では独自販売、自主販売と呼んでいた）をはじめ、当初は集荷量の6％超であったが、2016年には70％を超えるまでになった。米の「買取販売」はしていなかったが、販売代金が見込みを下回った場合などにその不足部分を補って農業者に支払っていた、という。

（3）農協が事業を展開する地域の学校・企業給食などに特定の野菜を売る例などであり、農協が事業基盤である地域に貢献するという意味合いからすれば、いわゆる「直接販売」というより農協やそこで生産している地場産品を知ってもらう効果が大きいとみるべき販売行為である。

Part 4 卸売市場の存在価値をどう高めるか

第8章 公益性・公共性を担う卸売市場の役割

卸売市場の存在価値を問い直す

卸売市場は、いうまでもなく生鮮食品等を取り扱う施設である。青果物に関していえば、生産・流通・消費までのすべての流通過程の要といえる。しかし、政府の規制改革推進会議の報告は、卸売市場を「種々のタイプが存在する物流拠点の一つ」にすぎないとみている。2020年6月に施行された改正卸売市場法も、基本的には同じ立ち位置にあり、改正前の卸売市場法の理念・目的を理解していないことに起因する多くの問題を含んでいる。

まず、再度指摘したいのは、野菜や果実には工業製品はもちろん、加工食品などにもない「特殊性」がある。生産は天候に左右され作柄が決まる。ハウス栽培なども増えてきたが、それでも天候を無視して栽培はできない。加えて、貯蔵がしにくく腐りやすいという特殊性も持つ。また、青果物を栽培しているのは零細、中小の農業者、それに法人や大規模農業者など規模の違いのある多数である。そのうえ、日本には四季があるため、季節によって産地が北から南、南から北、平地から高冷地などへと移動する。一方、消費者は青果物が生鮮品であるため、鮮度を重視し、しかも価格についても重きを置く。それればかりか、変化の激しい社会で少しでも豊かな生活をしようと個々の生活を大切にするため、生鮮品に対しても多様性、細分化を求めている。こうした多数の消費者の期待に応えるため、スーパーなど小売業者は詳細な情報をもとに品ぞろえしなければならず、仕入れの数量や品質、価格などを万が一取り違えれば大きな損失となってしまう。工業製品や加工食品と違う、こうした特殊性のある商品の生産と消費を結び付けるのが卸売市場を軸とした「**多段階流通**[1]」であり、その仕組みが作柄や品質などの量と質の需給を調整する役割を担う。

多段階流通（図1）とは生産する側からみると、農業者で構成する農協、農協が集まって組織する県本部・県連が「川上」であり、消費する側からみるとスーパーなど小売業者や業務・加工業者らが「川下」にあたり、その中間で役割を果たすのが卸売市場になる。卸売市場の中心的な立ち位置にある中央卸売市場にはそのため、「川上」の販売代理人として卸売業者、「川下」の購買代理人として仲卸業者がおり、「川上」の作柄による商品の量と質の情報と、「川下」の売れ筋にもとづく商品の量と質の情報を持ち寄って取引する。重要なのは卸売市場が商品の量と質の調整を行う以前に、「川上」でも「川下」でも、限界はあるが可能な範囲で量と質の調整が行われている点である。出荷する側の

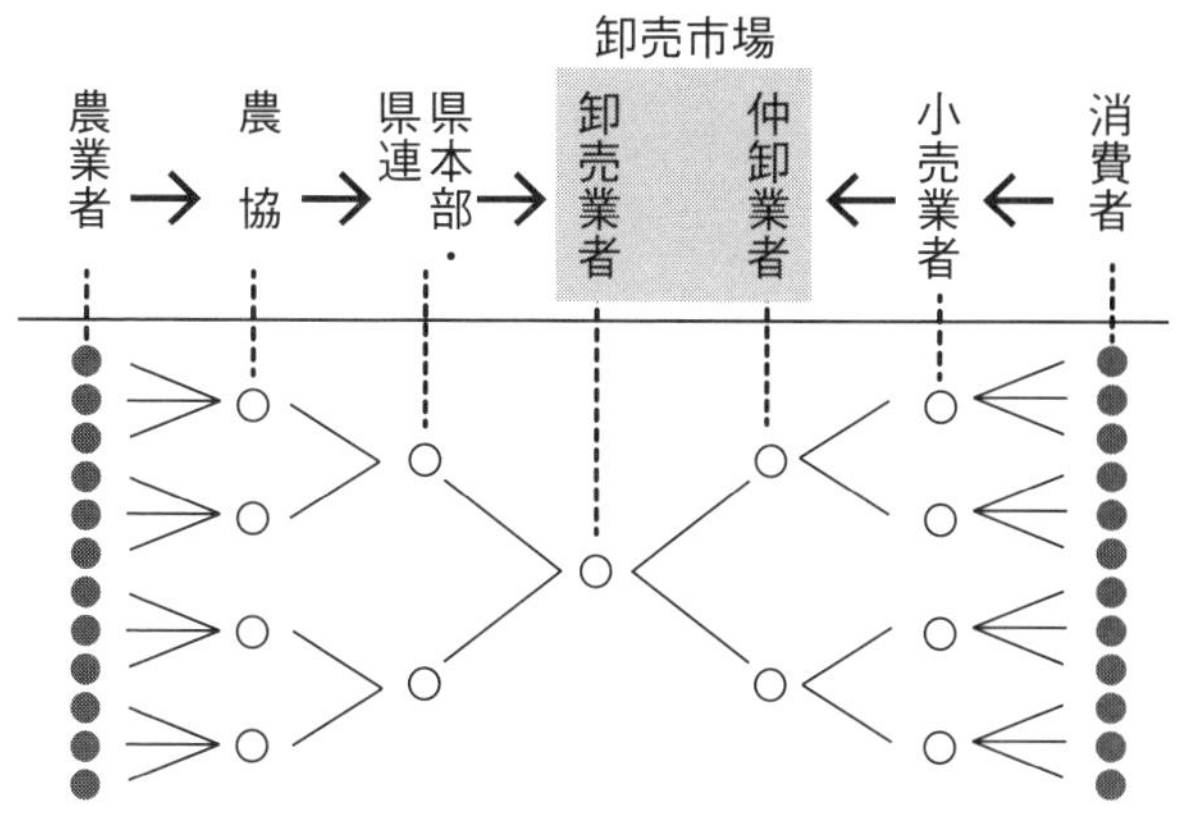

図1　多段階流通における情報の集約過程

出所：桂瑛一編著『青果物のマーケティング』昭和堂、2014年、29頁の図3をもとに、筆者が加筆・修正した。
注：元図は、大阪市立大学商学部編『流通』有斐閣、2002年、第1部第2章を参考に作図された。

「川上」では生産されたすべての青果物を卸売市場に出しているわけではない。農協が一元的に集荷したあと、選果・選別によって規格外といわれるものを取り除き、鮮度を保持する施設などで適切に管理し、質的な保持を行っている。生産・出荷の情報もその都度、県本部・県連を通して出荷先である卸売業者に伝え、契約取引などについては作柄・品質などの具体的な情報を圃場にあるときから伝達している。また、「川下」でも店舗ごとの売れ行きをもとに仕入れる量と質をどの程度にするか考えて仲卸業者に発注する。こうした「川上」の生産情報や「川下」の仕入れ情報によって量と質の調整をして、代理人同士が価格形成などを最終的に行うのが卸売市場である。つまり、卸売市場を軸とした多段階流通が青果物流通の根幹であり、卸売市場の社会的機能・役割の一つとして挙げられるマーガレット・ホールの取引総数最小化の原理である「取引コスト」の削減(2)は、「川上」「川下」の多段階流通の過程でも行われているのである。

また、「川上」が農協、県本部・県連の2つの段階になっているのは、農協の出資者が農業者、県本部・県連の出資者が農協であることによって、多数いる農業者や農協をまとめることで個々の農業者や農協単独ではできない青果物の数量や品質の均一化を図るためでもある。物流は商流を伴うものになり、卸売市場の販売代金は県本部・県連を通して農協が受け、それを農業者ごとに組織する作物別部会などに集め、共同計算などによって農業者に支払われる仕組みになっている。農協の青果物の共販率は依然として高く[3]、出荷先の主軸が卸売市場であることによって多段階流通の第一歩が適切であればあるほど、卸売市場における代理人取引がスムーズに運ぶのである。

卸売市場の公益性と公共性

しかし、最近では青果物を実需者に**直接販売**する場合があり、実需者に対する量と質の調整を農協が単独で行い、全国的な需給をにらみながら価格形成することを実践している事例がある。2015年の農協法改正以降の全国農協大会[5]では、系統農協自身がマーケットインにもとづく生産・販売事業への転換を「自己改革」目標の一つに据え、スーパーなど実需者ニーズに即した生産・販売方式への取り組みを重視した。「買取販売」に数値目標の設定を求めたり、農協生産者部会の改編などにも触れたりして、あたかも農協が独自に個々の実需者に直接販売することで販売事業を〝独り立ち〟させられるような幻想を抱かせている。もちろん、実需者の求めに応じる姿勢は欠かせないが、農協が量的・質的調整を全国的な需給実勢を捉えて品目ごとに実行することが可能であるのか、その体制整備が農協にできているのか疑問である[6]。ただ、だからといって直接販売を全く無視する必要はない。販売担当者の人材・専門性の育成の観点から1つや2つの品目の、限られた数量を実需者に直接的に売り込むことで、消費の動向に加え実需者がその商品をどう捉え、企業としての利益を上げようとしているか学ぶ点も多い。一定の条件を付ければ農協が直接販売に乗り出す意義は、販売額を上げて農業者の所得向上に資するというより、卸売市場流通をより深める視点と人材育成の2つにあるという意識で取り組むべきであろう。

一方、1980年代半ばから小売業者の主体となった大規模なスーパーや生協は、野菜や果実の大部分を卸売市場から仕入れている。農業者から直接仕入れる場合や、店舗に産地の直売所的な売り場を設置して農業者・農協に管理させている場合もあるが、これは仕入れ量としては少なく、店舗の特徴を消費者に訴える程度のものといえる。なぜ、卸売市場での仕入れが圧倒的に多いのかといえば、消費者の要望に応える商品が量的にも質的にも集まっているからであり、農業者からの直接的な仕入れでは間に合わないことをスーパーなども十分理解している。大都市だけでなく中小都市でも卸売市場が欠かせないのは、中小・零細農業者にとっての出荷先として必要であるだけでなく、個選物を含めて多数の農業者の商品の出来不出来などが卸売市場に情報として集約され、スーパーなど小売業者のニーズに応えていくことができるからである。

野菜に比べ果実においては卸売市場の存在はいっそう欠くべからざるものである。なかでも果実だけを扱う専門店（果専店）は、多種多様な商品のなかから顧客に合うものを仲卸業者とともに探っている。専門店自身が産地に直接出向いて商品を見聞することも少なくないが、その際の産地情報も多くは卸売市場に集まるものを分析し、卸売市場に届いた商品の味見をしたうえで産地に出向く例が圧倒的に多い。同じ産地の商品であっても誰が作ったかはもちろん、例年と味は違わないかを出荷期を通じて卸売市場で仲卸業者と「**目利き**」し、万が一、品質に差異があれば仕入れを中止する厳しい一面もある。果実専門店にとって仲卸業者はなくてはならない購買代理人であり、彼らの目利きと店舗の意向を背負ったバイヤーの両者がいて、初めて専門店ならではの商品の品ぞろえができるのである。

実際に1990年代前半に取材した話なのであるが、A県の農協組合員で篤農家といわれる方の桃をいつものようにお中元に使おうとした果実専門店があった。ところが、その年の桃は「例年の味ではない」と仲卸業者から指摘され、専門店は産地の農協を通して篤農家に問い合わせた。仔細に営農記録を付けていた農業者だったことが幸いし、親族の葬儀が重なってしまい、肥料を施す時期がずれてしまったことがわかった。その影響が味に出たことで、果実専門店では別の産地の桃をお中元商品として使ったが、卸売市場・仲卸業者の目利きはそこまで吟味ができるのである。

卸売市場の優れた役割は、青果物を等・階級別に分けて価格を形成し、その代金決済までも完結させる仕組みを整備した点にある。生鮮品を国民に適正な価格で安定的に届けることができるようにする一方で、速やかな代金の受け渡しによって生産を遅滞なく進めるための機能の付与であり、それが卸売市場法の理念といえよう。日常的に消費する青果物の生産と消費をマッチングさせる多段階流通の軸となる卸売市場は、規制改革推進会議のいうような「種々のタイプが存在する物流拠点の一つ」にすぎないとはとてもいえない。卸売市場法は、こうした特殊性のある生鮮品の生産段階から消費段階の中間に位置して、要として支えている公益性・公共性の高い施設である卸売市場を特別な法制度として維持するため必要なのである。

改正卸売市場法の問題点

卸売市場法は2018年6月に改正され、2年後の2020年6月に施行された。改正法の第14条では「施行後5年を目途として必要な見直しを行う」と定めている。この条項には、規制改革推進会議の「時代遅れの法律」といった認識がにじみ出ている。改正法の国会提出までの経緯[7]のなかで、当時、取材過程で鮮明に覚えているのは「卸売市場法が廃止される」という情報である。筆者は信頼できる情報源に、「食品流通構造改善促進法（現行法は『食品等の流通の合理化及び取引の適正化に関する法律』）に統合し、加工食品を含む食品流通全体の構造改革を視野に入れた法律に作り替える」と聞かされた。

同会議が「卸売市場を含めた流通構造の改革を推進するための提言[8]」をまとめたのは2017年11月24日、その内容は取材情報と同じであり、市場行政が規制改革推進会議の報告に添って展開されようとしていることを筆者は実感した。月刊誌の12月号の締め切りを待ってもらい、「卸売市場法廃止へ　食品流通改善促進法に統合　中央市場開設者への民間参入や取引規制撤廃」と記事を書いた[9]。同会議や農水省の狙いは、法案の国会提出前に行われる与党審査（自民党農林部会での法案検討）で産地から出席していた農協幹部の強い反対に遭い、「廃止（統合法案）の流れが変わった」と、オブザーバーとして出席していた全国連幹部は言ったが、「廃止→統合」の意思は「見直し条項」（第14条）にあるように農水省内でも依然として根強く、今後も予断を許さないといえるだろう。

改正卸売市場法の問題点は、生鮮食品の「特殊性」への理解不足にある。旧法下の卸売市場制度は、生産から消費までのすべての過程で生鮮品の特殊性に最大限に配慮した仕組みになっており、それが卸売市場の「公益性と公共性」の裏付けとなっていた。一方で、旧法制定当時から農水省は卸売市場の現状の問題点を把握していたため「例外規定」[10]を設けたが、時代の進展とともに問題点が深刻さを増し、もはや「例外規定」では解決できないことを認識した結果の全面的な法改正でもあった。前者は規制改革推進会議の意見に顕著に表れており、卸売市場制度を十分吟味しないことに問題があるが、後者は旧法制定以降数度の部分改正などでも依然として主体的に市場再編して問題の解決に乗り出そうとしない業界に対する農水省の「見切り発車」といえる[11]。それだけに、卸売市場業界が今後、再編行動を具体的、積極的に行わなければ、「見直し条項」は卸売市場法の「廃止」へと繋がっていくとみていいのではないか。

改正法の内容（章末表1）は、法としての体裁は整えているが、卸売市場制度の重要性を認識したものとは程遠いことを、まず問題点として指摘したい。法律条項が「83」から「19」へと極端に減ったことに表れているが、最も重要なのは法の「目的」の変更である。改正前の卸売市場法は①卸売市場の整備を計画的に促進するための措置、②卸売市場の開設及び卸売その他の取引に関する規制等、の二つの柱があった。特に、「**卸売市場の整備**」については中央卸売市場の整備計画を策定することを国に義務付け、5年ごとに概ね10年先を見通した「卸売市場整備基本方針」を大臣が審議会に諮問することになっていた。改正法ではこれをすべて廃止（条文の削除）し、卸売市場の拠点ともいうべき中央卸売市場の全国への適正な配置と整備を国が行う義務をなくしたのである。

約50年続いた「整備基本方針」は生産と流通の円滑化を図り、国民の必需品である生鮮食品の安定供給を担保するものであった。しかし、廃止されたことによって全国的な流通システムにとって欠かせない施設整備を、国が開設者自治体や民間に委ねたことになり、公益性・公共性の高い卸売市場の役割を〝放棄〟したともいえよう。

「東洋一」をうたい文句に東京都中央卸売市場大田市場が開場して、はや30年以上が経過した。全国にはそれ以上を経ている中央卸売市場が数多くあるが、卸売市場開設者である地方自治体や市場業者にはそれらを整備する財政的な力がない。農水省は「食品等の流通の合理化及び取引の適正化に関する法律」の食品等流通合理化計画に従って①流通の効率化、②品質管理と衛生管理の高度化、③情報通信技術その他の技術の利用――など5項目に添うものに対して補助を行うとしているが、卸売市場を建て替えるなどの基本的な施設整備費は対象ではない。

問題点の2つ目は、民間でも開設者となれるようになった点である。これまで中央卸売市場の開設者は国の認可が、地方卸売市場については都道府県の許可が、それぞれ必要であった。改正法では新たに認定制[12]に変わり、中央卸売市場については面積要件など一定の基準を満たしていれば民間でも国の認定によって「中央卸売市場」を名乗ることができるようになった。「民間参入」については、規制改革推進会議が2016年10月に卸売市場法を「時代遅れ」であると認識を示し、「物流拠点の一つ」に過ぎないとの評価を下す1年以上前に、同会議ホットラインに民間参入を求める意見が寄せられていた。ただ、当時の農水省は**「民間参入」に否定的**であり、「対応不可」を同会議に伝えていた事実がある[13]。

中央卸売市場が民間でも開設できるようになったことで、許・認可制度は廃止され認定制に変更されたが、これによって中央卸売市場の開設区域指定がなくなり、市場を開設する自治体の住民の支払う税が他の自治体に搬出する青果物の供給までを賄うという、納税者にとっては首をかしげたくなる事態が起きることになった。東京都がまとめた2019年度「市場流通推計調査[14]」によると、青果物の東京都外への搬出量は全体の47・6％で、内訳は野菜48・5％、果実45・4％である。前回調査（2014年度）に比べ青果物全体では0・2ポイント増となっており、毎年4割以上の野菜や果実が東京都外に運び出されている。つまり、東京都中央卸売市場の取扱数量の多くが他の地方自治体の住民に供給されている。都税を納め、その費用の一部を施設の整備費に充てている住民感情からすれば、「なぜ」という疑問が生まれても仕方がない。開設区域の廃止は中央卸売市場の維持・管理と不可分な財源の問題に波及してくるのである。

3つ目の問題は取引規定が緩和、撤廃されたことである。改正法は「差別的な取扱の禁止」「受託拒否の禁止」「代金決済のルールの策定と公表」などを中央卸売市場の「共通ルール」として旧法から残置させた。その一方で、「第三者販売の原則禁止」「直接荷引きの原則禁止」「商物一致の原則」などを主とする規制をすべて撤廃（市場ごとの任意のルールに変更）し、「取引の自由化」を法的に実現させた。もともと、「第三者販売……」などの規制は現場での取引においては実質的に「自由化」されていたものであり、ある意味で法的に追認したといえよう。具体的に、「商物一致の原則」でいえば、市場外指定保管場所（スーパーなどの物流センターも含まれる）が認められていたことで中央卸売市場に青果物を運び込まなくても取引が可能であり、その数（青果物のみ）は農水省の資料（卸売市場データ集＝2021年5月）によれば、旧法時代で開設者が指定したもの（開設区域内）132か所、開設区域の周辺の地域で大臣が指定したもの（開設区域外）103か所にも上り、産地から直接、スーパーのセンターへ、あるいはストックポイントとした他の市場に搬送されていた。

問題は、まだある。廃止された条項のなかで、「**自己買受の禁止**」がなくなったことは卸売業者の財務悪化などを誘引しかねない。自己買受は受託した品物を卸売業者自身が買い取る仕組みであり、取引の仕方によっては不正の温床になりかねない。それだけでなく、受託品の指値を、買付処理したり「受託品事故損」で補ったりしている現状の会計処理を、自己買受で対応することができるようになったことである。2020年度決算からみられる現象は、「受託品事故損」が減り買付出荷の割合が大幅に増加している。これが、もし安易に使われると卸売業者の財務の悪化が一層深刻化することが懸念される。ほとんどの開設者自治体が「自己買受の禁止」規定を削除し、業務規程でも廃止しており、不安はぬぐい切れない。

規制は取引が適正に実施されることによって公共の利益を守る砦である。取引ルールの多くが「ないも同然」の改正法前の状況を考えれば、取引の迅速化と適正化が守られる範疇での現状追認もやむを得ない面があるが、卸売市場の公益性・公共性の見地から廃止されていいものと悪いものがある。また、自治体の定める業務規程に多くを一任することによって、卸売市場の取引に自治体間で差異が生まれていることも、出荷者や買受人らに無用な混乱を招きかねない。改正法は中央卸売市場への民間参入を前提にしており、「自由で活発な取引」などによって卸売市場の活性化を狙っているとしても、国の姿勢は卸売市場の役割・機能を十分理解したものとはいえず、市場行政からの大幅な後退、あるいは撤退を図ったといえる。

開設者自治体で異なる業務規程

改正法により、卸売市場業者の許・認可は開設者自治体が業務規程（条例）で定めることになった。ほとんどの開設者自治体は、卸売業者に対して「業務許可」の条項を設け、改正法で廃止された純資産額等の基準も示している。また、「指導・監督」も国ではなく開設者が第一次的な責任を負うことになるため、「監督処分」条項を残置させている自治体もある。開設者のなかでも最も大幅な規制緩和をした東京都は、「業務許可」をあえて設けず、市場施設の「**使用許可**」にした。東京都は「業務許可と大きな違いはない」というものの、「指導・監督」をする開設者の立場からすれば「業務許可」は卸売業者に対する業務全般に責任を持つことである一方、「使用許可」はあくまで施設の使用を許可したに過ぎず、取引などの「共通ルール」や業務規程に違反した場合は施設の使用を認めないという程度であり、いわば「業務許可」より責任が軽くなったと解釈できる。

施設の「使用許可」制の場合、2001年に盛岡市中央卸売市場の卸売業者・(株)岩果で起きた不正請求事件[15]はどう処理されるのであろうか。筆者はこれに関連して千葉県のスイカ栽培・販売の専門農協から相談を受けた。「岩果の未払い金が数千万円あるが、どうしたらいいか」というのである。当時の卸売業者の許・認可は国にあり、開設者の盛岡市も業務規程で「許可」を出しているので、岩果が破綻した以上、未払いを国や市に請求できないか、といった趣旨の相談である。結論からいえば、国や市を相手に損害賠償請求をしたとしても最終の判決が出るまでに時間と労力、金銭がかかることを考えると、訴訟を起こすことが職員の少ない専門農協として得があるのかどうか考えて対処したほうがいい、とアドバイスした。もし、これが改正法下で相手が東京都内の卸売業者であれば、国や都、特に開設者の都の責任を損害賠償請求として法的に問えるのであろうか。都の業務規程では、あくまで「施設使用許可」であり、業務に関しては一切業者の責任であり、監査などを通しても不正が巧妙で見抜けなかった、しかし不正があった以上、施設の使用許可を取り消す、といった処置で終わってしまうのではないか。

国は「開設者は(卸売業者の)指導監督に必要な人員を確保」すると〝基本方針〟で定めているが、「人員を確保する」ことと、業務全般に「指導・監督の責任を持つ」ことは違う。いずれにしても、改正法における開設者の責任はより重くなった半面、東京都のような業務規程もあり、開設者でその責任の重さが異なってくると思われる。

一方、改正法では、開設者における取引などの業務規程はどうなっているか。「共通ルール」以外の規制のうち、「第三者販売の禁止」や「直接荷引きの禁止」については措置を緩和して開設者への事前・事後の報告を義務付けた自治体が圧倒的に多く、「商物一致の原則」については「商流と物流の分離」を認めた自治体（神戸市など）と、「場内取引に十分配慮した」うえで「分離」を認める自治体（横浜市など）などにわかれた。最も規制を緩和した東京都の場合も、「第三者販売の禁止」「直接荷引き」「商物一致の原則」については、原則的に廃止して「報告」を義務付けている。しかし、「取引の活性化と業務の効率化のため基本的に規制は緩和」する、と業務規程の基本方針で位置付けた東京都は、その他のルールのうち「受託品の即日上場」「指値の届け出」「せり時間前の取引」「再上場禁止」「委託手数料以外の報酬の収受の禁止」「仕切り金及び送金規定」「委託手数料率規定」「買受代金の即時支払い義務」「出荷奨励金・完納奨励金の交付」など23項目に及ぶ条項を廃止した。「即日上場」「再上場の禁止」などは適正な取引をするうえで欠かせないといえるが、「活性化」に力点を置くとなぜこうなるのか理解できない。問題は、各種の廃止条項に及んでいるが、あえてここで注視したいのは①仕切り金及び送金、②買受代金の即時支払義務化、である。①では、卸売業者が「卸売の翌日までに委託者に送付」することが義務付けられていた。一方、②では仲卸業者が「卸売業者から物品の引き渡しを受けると同時に代金を支払う」ことが定められていた。もちろん、特約条項を設けることができたので、規定通りの支払いなどが行われていた例は少ないが、原則が廃止されたことで歯止めがきかなくなり、卸売市場の機能の一つである「**代金決済**」を担保する法的な措置がなくなったといえる。

東京都中央卸売市場における代金決済日数については改正法以前、卸売業者が委託者に支払っている日数は平均6・95日、仲卸業者から販売代金の回収をしていた日数は平均6・20日であり[16]、「卸売の翌日」や「即時払い」にはなっていなかった。仲卸業者は「即時払い」規定の撤廃を求めていたので条例改正は賛成であろうが、卸売業者には不安を隠さない業者もいる。「特約」によって改正以前から「猶予期間」を設けることができたが、それさえも守られないことがしばしばあり、規定の廃止で今後の代金決済がうまく回るか懸念する。特に、仲卸業者はスーパーなどからの販売代金の回収日数が平均14・58日であり、支払いと回収の期間の差をみれば「自転車操業」や「借入金の増大」は明らかであり、都の調査でも債務超過の仲卸業者が全体の31・34％、経常赤字業者が同40・49％にも達しているのである[17]。条例上の歯止めがきかなくなったことで、市場決済機能が揺らぐとみる出荷者は多い。それが「卸売業者の財務内容を今まで以上に精査して、出荷先を絞り込む」という農協・県本部の声に反映されている。

注

（1）桂瑛一『青果物流通論』（農林統計出版、２０２０年８月）では、取引過程に農協や流通業者が介在する意味を「多段階流通論」で展開している。

（2）藤島廣二編集・執筆『〝適者生存〟戦略をどう実行するか』（筑波書房、2020年8月）6〜7頁参照。

（3）農水省の総合農協一斉調査（2020事業年度）によれば、野菜の系統共販率は85・3％、果実は89・5％である。

（4）農水省のデータ集や「卸売市場をめぐる情勢について」（2021年11月）によれば、全国の卸売市場の国産野菜・果実の経由率は約8割が国産であり、中央卸売市場の青果物の取扱数量の約6割が農協系統からの集荷である。

（5）2015年の第27回全国農協大会と2019年の第28回全国農協大会決議。

（6）板橋衛編著『マーケットイン型産地づくりとJA』（筑波書房、2021年1月）では6つの先進的な農協の事例を通してマーケットイン型産地づくりが可能であることを指摘しているが、この中のいくつかの農協を取材したことがある。そこで感じたことは、営農指導事業と販売事業の連携の難しさ以前に、実需者の求める商品づくりの実践とそれに対応した農協の組織体制の整備の未成熟さである。同書の6つの事例も一つ一つを精査すれば、マーケットイン型産地＝実需者への直接販売を実現するにあたって克服すべき点が数多くあり、その矛盾を抱えたまま直接販売を実践している事例が少なくないのではないかと思慮する。

（7）木立真直編『卸売市場の現在と未来を考える』（筑波書房、2019年2月）の第1章「2018年卸売市場法改正の経緯と論点」（小野雅之）参照。

（8）同会議の「提言」は卸売市場を「選択肢の一つ」としたうえで、「流通全体を視野に入れた統一的な制度を構築し、卸売市場をそのなかに位置付ける」としている。

（9）小暮宣文『農林リサーチ』（農経企画情報センター、2017年12月号）参照。

（10）『食料政策研究』㈶食料・農業政策研究センター　No.69青果物卸売市場特集号）における戸田博愛・玉川

大学教授の報告（29頁）参照。

（11）農水省は1999年の法改正で卸売業者の財務指導基準を設けたり、2005年度から実施された第8次卸売市場整備基本方針の「市場再編基準」の策定などをしたりして、卸売業者の財務の悪化と市場再編をたびたび訴えてきたが、業界が主導して市場再編する姿勢はなかった。詳しくは桂瑛一編著『青果物のマーケティング』（昭和堂、2014年12月）の第8章参照。

（12）許可・認可と認定の違い＝普段は法令によって禁止されている行為に対して、特定の場合にこれを解除することを「許可」という。権利を新たに与える行為ではないため、行政庁は原則として法定の基準に合致している限り許可（禁止の解除）をしなければならない。例として、自動車の運転免許や各種の営業許可制度など。一方「認可」は、一般的には自由に行える行為に対して、基準を設けて制限し、その基準に当てはまる場合にのみ、その行為を認めるもの。行政庁の同意がなければ成立しないのが特徴であり、認可を受けずに行われれば無効になる。例として、電気やガス、水道料金などの決定、変更。「認定」は行政庁などが規定された業務を遂行できる能力があることを公式に確認し認めること。規制改革推進会議の議事録では「取引の公平・透明性が確保される条件が担保されれば、誰であっても認定する」という考え方を内閣府が答弁。これを受けて農水省は5つの認定基準（農水大臣の定める基本的な方針に適合すること、業務規程が法令に違反しないこと、差別的取り扱いの禁止など「共通ルール」が定められていること、開設者が適切な業務運営能力を有すること、施設規模や資金償還など事業計画が適切であること）を示した。

（13）規制改革推進会議のホットライン（規制改革・行政改革ホットライン＝内閣府ホームページ参照）に民間企業が中央卸売市場の開設者になることを求める意見が2015年6月に寄せられた。提案主体は「個人」となっているが、意見の趣旨は㋑自治体が開設者であることによって真に実効性のある経営戦略の確立が不可能㋺卸売市場の公共的な役割は否定できないが、その点を強調するあまり非効率的な自治体経営を続けると卸売市場の存在価値を一層低下させることになる——などを訴えていた。これに対しての農水省は同年8月に回答し、そのなかで「中央卸売市場は生鮮食料品等の流通及び消費上特に重要な都市及びその周辺の地域における生鮮食料品の円滑な流通を確保するために中核的な拠点」であると位置付けたうえで、「安定供給という公共的使命を果たせるよう地方公共団体がこの役割を担う必要がある」として、中央卸売市場の開設者として民間は適さない見解を示した。

(14)東京都中央卸売市場の2019年度「市場流通推計調査報告書」を参照。
(15)桂瑛一編著『青果物のマーケティング』(昭和堂、2014年12月)の168~170頁参照。
(16)東京都の2020年度「卸売業者財務諸表調査」を参照。
(17)東京都の2020年「仲卸業者の経営状況調査」を参照。

都条例改正
生鮮食品等の円滑な供給と取引の活性化、公正な取引
経営指針、経営計画策定
東京都
廃止
改正前通り
業者の基本的な役割を明記
開設者の業務許可廃止。市場施設の使用許可
同上
開設者の承認＝一部改正あり
開設者の業者指導、検査、監督処分規定
物品規定・取引単位・即日上場・せり前取引・再上場禁止、予対取引・自己買受禁止などの取引規定は廃止 省令5条を基本に手数料、奨励金などの公表を義務化
共通ルールは法規定通り。ただし、決済確保のため廃止規定と新規定あり（注①）
取引結果はネット等で公表すると同時に6項目（注②）については実績を報告
第三者販売、商物分離、直荷引きの現行規定廃止。ただし、それぞれの取引実績の報告は義務付け。また、新規定（注③）を設けた
その他で廃止した規定は、日曜・祝日休市、指値届け出、手数料率届け出、出荷・完納奨励金の承認、売買仕切り金送付、せり人登録など21条

表1　改正卸売市場法と東京都条例改正のポイント

市場の開設等	旧法	改正法
目的等	市場の整備を促進・取引の適正化	取引の適正化
	国が卸売市場整備基本方針を策定（中央卸売市場整備計画・都道府県卸売市場整備計画の策定）	国が基本方針を策定
開設者	中央卸売市場は都道府県、人口20万人以上の市（農水大臣の認可）	中央卸売市場 「共通ルール」を遵守し、一定水準以上の規模を有するもの。民間を含め制限なし（農水大臣が認定）
	開設区域＝自治体全域を国が指定	廃止
	地方卸売市場は民間を含め制限なし（知事の許可）	地方卸売市場 「一定のルール」を遵守するもの（知事の認定）
市場業者（中央卸売市場） 卸売業者 仲卸業者 売買参加者	農水大臣の許可 開設者の許可 開設者の承認	市場業者は定義のみ 法律上の規定は廃止
国の指導・検査監督	開設者・卸売業者が対象	開設者のみ
取引規制等（中央卸売市場）	売買取引方法の公表	方法、条件は省令や業務規程に定める
	差別的取り扱い禁止	「共通ルール」として残置
	受託拒否の禁止	
	代金決済のルールの策定・公表	
		取引条件の公表＝新設「共通ルール」
	取引結果の公表	「共通ルール」として残置
	第三者販売の原則禁止	「共通ルール」に反しない範囲で原則自由化＝任意のルール
	直荷引きの原則禁止	
	商物一致の原則	
	小売りの制限	
条文数	83	19

改正法施行日＝2020年6月21日

注：①廃止規定は「買受代金の即時支払い義務」「卸売代金の変更禁止」など。新規定「買受代金の早期支払い」「契約等で定めた期日までの支払い」など。また、業者には、決済条件の届け出義務を課し、卸については受託契約約款（規定廃止。定めた場合のみ）の届け出、買受人の不払いの届け出、毎月10日までに前月分の残高試算表の提出の義務付け、さらに事業報告書の作成と提出義務、出荷者への閲覧の義務付けあり。仲卸についても事業報告書の作成と提出義務を課した

②主要品目の卸売予定数量（日ごと）、主要品目の卸売数量と価格（同）、卸売物品の品名･数量･卸売価格・（月ごと）、仲卸・買参人に対する卸売買受人ごとの数量・及び金額（年ごと）、出荷奨励金（月ごと）・完納奨励金（同）

③第三者販売では「せり、入札で卸売を行う場合は仲卸、買参人以外に卸売してはならない」、商物分離では「市場外物品を搬入して卸売するときは、その保管場所の指定を受けなければならない」

出所：旧卸売市場法、改正法、都条例をもとに、筆者が作成

第9章　卸売市場の「広域連合化」を提唱する

市場開設者である自治体の財政はどうなっているか

改正卸売市場法において、卸売市場の管理監督責任を第一次的に負うのは開設者である。現状では中央卸売市場においては地方自治体が開設者となっているため、自治体の市場特別会計や自治体そのものの財政状況が卸売市場存続の鍵となる。開設者自治体の市場会計は大半が赤字で、一般会計からの繰り入れなどで収支の均衡を図っている。国の支援が施設整備の一部に限られた以上、市場の建物などの修繕・改築、建て替えなどは自治体が担うことになる。最後となった国の第10次卸売市場整備計画（2016年度～2021年度）で市場の移転・改築が正式に決まった香川県の高松市中央卸売市場の開場は1967年であるが、全国には建設から40年以上が経過した中央卸売市場はまだまだ多く残されている。建て替えとなれば、改正法のもとでは費用のほとんどが自治体や市場業者らの負担になる。しかし、自治体や市場業者に財政的な余裕があるのであろうか。

卸売市場で営業する卸売業者・仲卸業者の財政状況は第1章でみてきたので、ここでは自治体の市場会計や財政状況を探ってみたい。中央卸売市場の会計を公表しているのは東京都と大阪市の二つであるが、自治体の財政収支の長期計画を2019年12月にまとめた東京都を例に市場特別会計、それに自治体の財政の現状と将来をみることにする。

東京都の財政

東京都の中央卸売市場会計は公営企業会計を採用している。公益性・公共性の高い施設としての卸売市場の役割を果たすため区分会計し、儲けや利益の追求ではなく安定的に事業を継続していけるよう図ってきた。しかし、市場業者が支払う使用料などだけでは運営できないため、毎年、一般会計からの繰入金[1]は約45億円程度（2019年度予算ベース43億6800万円＝収益的収入）を確保しており、このほか市場施設の整備などに使う企業債などとして2019年度予算ベースでは15億3300万円（資本的収入）を投入した。これだけの措置をはかっても資本的収支は年度当初から42億5800万円の赤字であった。その主な理由は、国が策定した「第10次整備計画」に添って東京都が2018年に改定した第10次卸売市場整備計画で11市場の施設整備費[2]などに要する費用が総額で58億7800万円まで膨らんだためである。

集荷力の強い東京都中央卸売市場の財政収支は今後どうなるのか。都が2022年3月にまとめた**市場経営計画**の資料によると、収支は2015年度までは黒字で推移したが、2016年度以降は赤字に転じ、18年度からは年間で120〜140億円程度の赤字が見込まれる。また、過去の傾向などから売上高使用料収入が5年ごとに3％ずつ減少していくことを想定すると、2064年には資金収支がショートすると試算している。理由は①旧築地市場の跡地売却収入の約5623億円を一般会計

写真１　東京・豊洲市場　自動立体低温倉庫
地域冷暖房システムを備えた豊洲市場の青果棟には自動立体低温倉庫が
完備され、765 パレットを積み込める
出所：筆者撮影

に有償所管換えした、②一般会計繰入金は２０１９年度水準を維持するものの、豊洲市場（写真１）の収支が減価償却費（約84億円程度）を含めた経常収支で年間95億円のマイナスになること――などを挙げている。旧神田市場など４市場の跡地売却の収入は約４５００億円あり、この売却収入を主な財源として市場の建設、整備・改修を進めてきたが、旧築地市場については「将来の東京都全体としての価値の最大化を目指す今後の築地まちづくりを見据えた」（東京都の説明）措置として、市場会計ではなく一般会計への所管換えにしたことが市場会計の経常収支の悪化を呼び込んだといえる。

中央卸売市場会計の悪化もさることながら、東京都の財政状況も決してよくない。新型コロナウイルス感染症が蔓延する前の２０１９年12月末にまとめた財政収支の長期推計をみてみよう[3]。２０２１～２０４０年度の20年間の見通しについて、実質経済成長率を３つのケース（上位、中位、下位）に想定し、また景気変動の影響を受けやすい法人関連税（法人事業税と法人住民税など）は過去の平均税収額を設定してそれぞれを推計している。それによると、2030年度の都税収入は実質経済成長率が上位推計（1・4～0・5％＝平均1・0％）の場合で2021年度に比べ0・5兆円の増加、中位推計（0・8～▲0・0％＝平均0・4％）では同0・3兆円増、下位推計（0・1～▲0・5％＝平均▲0・2％）で0・2兆円増となる。この結果、上位推計の2030年度の歳入は7・0兆円、中位推計で6・8兆円、下位推計で6・6兆円を見込んでいる。一方、2030年度の歳出は高齢化などにより増える民生費や古くなった道路・橋などの改修、新設などの土木費の増加などにより、上位推計で6・9兆円、中位推計で6・8兆円、下位推計で6・7兆円とみている。その結果、収支ギャップは「上位」で1400億円の歳入超過（黒字）、「中位」で100億円歳入超過（黒字）、「下位」で1200億円の歳出超過（赤字）となる。しかし、これが2040年度になると「黒字」になるのは「上位」（1200億円程度）だけであり、「中位」では1300億円の、「下位」では3700億円の、それぞれ「赤字」が見込まれる（表1）。

長期推計では、リーマンショック級の景気の減速（2008年度の実質経済成長率マイナス3・6％＝内閣府発表）についてシミュレーションしている。景気変動が4～5年（「景気の底」は2年続く）と仮定した場合、法人関連税の税収（過去30年間の税収などをもとに推計。ただし、中位の推計値）の落ち込みは累計で1兆円に達するという。今回の「コロナ禍」による財政出動はどこまで広がるか、現在（2021年12月時点）では予測がつかないが、2021年度の税収見込みは8月時点で5兆3498億円であり、前年度に比べて2820億円程度減少する見通しである。既に下位推計の歳入（6・4兆円）より1兆

表1　東京都の財政収支の推計結果

区分		2021年度	2025年度	2030年度	2035年度	2040年度
上位推計	歳入	6.5兆円	6.8兆円	7.0兆円	7.3兆円	7.4兆円
	歳出	6.6兆円	6.7兆円	6.9兆円	7.1兆円	7.3兆円
収支ギャップ		▲800億円	700億円	1400億円	1,500億円	1,200億円
中位推計	歳入	6.5兆円	6.7兆円	6.8兆円	6.9兆円	7.0兆円
	歳出	6.6兆円	6.6兆円	6.8兆円	7.0兆円	7.2兆円
収支ギャップ		▲1,100億円	100億円	100億円	▲400億円	▲1,300億円
下位推計	歳入	6.4兆円	6.5兆円	6.6兆円	6.6兆円	6.6兆円
	歳出	6.5兆円	6.6兆円	6.7兆円	6.8兆円	7.0兆円
収支ギャップ		▲1,400億円	▲700億円	▲1,200億円	▲2,300億円	▲3,700億円

注：①前提とする実質経済成長率（▲はマイナス）
上位推計＝1．4％〜0．5％（平均1．0％）
中位推計＝0．8％〜▲0．0％（同0．4％）
下位推計＝0．1％〜▲0．5％（同▲0．2％）
②都税収入（2021年度から2040年度）
上位推計＋0．9兆円、中位推計＋0．5兆円、下位推計＋0．2兆円
③支出推計（2018年度決算から2040年度推計）
民生費（生活保護費、児童・老人・社会福祉費など）　1兆円→1．5兆円
土木費（道路・橋りょう費、下水道費、住宅費など）8,800億円→1兆円
④都のコメント「収支ギャップの推計結果は、人口や経済成長率を含めた将来状況を正確に見通すというよりも、人口や経済成長率等に関して現時点で得られるデータの将来の財政収支への投影という性格のものであり、その推計結果についても幅をもって解釈する必要があります」
出所：2020年12月27日、東京都財務局発表

円近く少ないうえに、歳入に影響を与える実質経済成長率（２０２０年度はマイナス４・６％）も鈍化傾向が続いており、これに営業自粛などによる飲食店への独自協力金やオリンピック・パラリンピックの無観客開催による赤字（収入減額分の負担６２８億円、２０２１年12月時点）などを想定すると、歳入・歳出は２０２１年度から長期推計に大幅な狂いが生じかねない。また、大企業の本社が集中していることで「地方法人課税の偏在是正」④が毎年強化されており、加えて「**都財政の貯金**」ともいえる「財政調整基金」が２０２１年度末で前年度比約７割減の約２８００億円まで減少した。これらをみれば、「財政豊かな都」「都道府県で唯一の地方

交付税不交付団体」という誇りにも一気に陰りがみえてきたといえる。

東京都のこうした中央卸売市場会計や財政の長期推計が、今後の卸売市場経営にどのような影響を及ぼすのか。市場会計のうち業者が納める市場使用料が約20年にわたって据え置きのままできたこと、一般会計補助金を増額しても依然として赤字が続いていることなどからすれば、市場数とその配置などにも波及することは間違いない。具体的に指摘すれば、11ある中央卸売市場のうち施設を根本的に変えざるを得ない市場が多々ある。最も古い豊島市場は1937年、淀橋市場は1939年の開場である。旧築地市場が開場した2～4年後にできた施設を基本的には使っている。比較的新しい北足立市場でも1979年、葛西市場も1984年の開場だ。当時「東洋一の市場」とうたわれた大田市場も1989年の開場であり、すでに33年が経過している。これら11市場をそのまま「公設公営」の中央卸売市場として存続するのか、一部を「公設民営」にして運営主体を民間に任せる管理制度[5]にするのか、拠点の中央卸売市場2～3か所として「公設公営」のまま残し、あとはすべて民間に任せるか――など選択肢はいろいろあるが、いずれにしても、財政状況ばかりか改正法による「開設区域」の撤廃、さらに都の人口のピークが2035年であり、2040年には減少に転じる推計値などを考えれば卸売市場が現状のままであることは、まずあり得ない。

厳しい財政状況、施設整備が待ったなしの中央卸売市場が多い半面、市場の再編が一向に進まない状況を抱えた東京都が今後採ろうという策は、中央卸売市場の施設整備・更新面からの市場経営、再編へのてこ入れである。2022年4月に策定した「東京都中央卸売市場経営計画」は持続可能な市

表2　東京都中央卸売市場（青果部）の類型化とネットワーク化

	敷地面積	延床面積	青果物取扱金額	各市場の役割と機能強化策
全国拠点型	広域な機能を求められる市場で、大規模な施設等を有する 施設の維持更新に極めて長期間を要し、財政負担も大きい 全ての市場とネットワークを組み中核的な機能を果たす			
豊洲市場	35.4万㎡	51.9万㎡	3億1700万円	
大田市場	38.6万㎡	30.9万㎡	11億8600万円	
流通業務団地型	道路交通の利便性が高く、物流拠点として整備された市場 比較的大規模な施設等を有し、施設整備に長期間を要し一定の財政負担が生じる			
板橋市場	6.1万㎡	5.1万㎡	9400万円	豊島市場との連携、補完
北足立市場	6.1万㎡	7.8万㎡	1億4000万円	葛西市場との連携、補完
葛西市場	7.5万㎡	6.0万㎡	1億1500万円	北足立市場との連携、補完
供給拠点型	商業地域を中心に立地する市場で、比較的小規模な施設 古い建物が多く、老朽化への対応等施設の維持更新に財政負担が生じる			
豊島市場	2.3万㎡	2.0万㎡	7600万円	板橋市場との連携、補完
淀橋市場	2.4万㎡	3.9万㎡	2億2800万円	世田谷市場との連携、補完
世田谷市場	4.1万㎡	6.5万㎡	3700万円	淀橋市場との連携、補完
多摩NT市場	5.7万㎡	2.0万㎡	2300万円	国立市場（地方卸売市場）との連携、補完

出所：「東京都中央卸売市場経営計画」をもとに筆者作成。数値は各市場全体の敷地面積、延床面積と2020年の1日当たりの青果物取扱金額

場経営の実現のため2040年代に市場会計の経常黒字化を目指し、5年間で市場財政に健全化の目途を付けるという施策だ。基本的には、行政負担ですべてを賄うことをやめ、「（市場の）運営費や施設整備費の主たる財源は使用料収入である」との立ち位置に変え、11ある青果、魚類、畜産の中央卸売市場を3つの類型に分け、役割・機能ごとに個別に市場の整備・更新計画を立てて都の中央卸売市場全体で「**機能の最適化**」を図る狙いである。計画のなかで、どのような市場類型をするのかといえば、青果物を扱う市場の場合は各市場の機能を現状の取扱数量・金額や立地、施設の状況などから分類（表2）。「**全国拠点型市場**」「**流通業務団地型**

市場」「**供給拠点型市場**」の３つに分け、市場ごとに類型を踏まえた施設の維持・更新を図っていく方針である。つまり、これまでのようにどの中央卸売市場も画一的な規格で市場整備を実施するのではなく、類型に従って市場の主要な建物の更新手法を考え、用途の変更など状況の変化や流通環境、顧客ニーズの変化を踏まえて柔軟に施設整備を行う。具体的にいえば、取扱数量や売上高などによって卸売場、仲卸売場、冷凍庫、事務棟、駐車場などの施設をどの程度の規模にすることがいいのかをパーツ単位で見直し、不用とみられる施設については縮減を図り、余剰地を他用途利用していくという。

東京都はこれまで民間のコンサルタント会社などを通じて地方卸売市場への転換や統合を卸売業者に求めてきたが、それでは市場の再編が一向に進まず、市場会計が悪化する一途であったことなどを踏まえ、「市場の活性化を考える会」の報告（２０２０年12月）に基づいて「卸売市場経営指針」をまとめ（２０２１年3月）、それに沿って今回の計画を策定した。施設の整備・更新面から市場再編を促し、市場のネットワーク化を図るという狙いである。特に、計画期間中の5年間で市場の活性化を成し遂げ、売上高の増大によって**市場使用料収入**を年５・５％増加させ、財政改善の一歩を踏み出すという施策であり、もし5年後にそれができる見通しが立たないのであれば「市場会計における収支の身丈に合った規模となるよう各市場のあり方を改めて検討の上で、統廃合を行うことが避けられない」とまで明記している。手順を踏んでいるので行政手続き上は問題がないのであろうが、当該の卸売業者にとっては「寝耳に水」の厳しい内容である。しかし、ここで示された市場使用料の年間５・５％

の増収は容易ではない。２０２０年度のように「コロナ禍」の影響で全国の主要な中央卸売市場で４年ぶりの売上高増であっても、都の卸売業者10社のうち4社が前年度を下回った。「全国拠点型」に位置付けられた豊洲市場の東京シティ青果でさえ前年度の96・8％である。また、２０２１年度の売上高も９市場全体で２・２％程度の減少（青果物情報センター調べ）が見込まれ、集荷力全国一の東京青果が前年度比０・８％増（取扱高約２１１７億円）、東京シティ青果は０・３％増（同約６９７億円）にとどまっている。

原油の高騰、ロシアのウクライナへの侵略などの影響による食品の相次ぐ値上げによって消費者の財布の紐は固くなり、スーパーなど小売業者からの相場への圧力が増しているときであるだけに、売上高を上げ、それを使用料に反映させることは並大抵のことではない。委託手数料自由化（２００４年の法改正、２００９年度実施）の際に、卸売業者間の企業間競争による淘汰を回避させるため「軟着陸」ともいえる条例改正をした行政志向に比べれば今回の計画は大きな政策転換といえなくもないが、中央卸売市場開設者の先導役でもある東京都の改革方針としては物足りなく、遅きに失した感が否めない。「財政健全化」と「公設公営」制をセットに考え、「市場の統廃合」まで東京都が持ち出した以上、計画に目途が立たなければ、場合によっては、改正法で可能となった中央卸売市場の認定を農水省に届ける際の「業者登載名簿」から卸売業者を除外することや、業務規程にある「施設使用許可」を使って許可の取り消しも考えられなくはないのである。卸売業者が行政に寄りかかり、既得権益を振りかざすこれまでの姿勢は今後変えざるをえないだろう。

青果物を扱う市場で東京都の計画に沿った類型化により各市場の役割と機能強化の方向性をみると、①豊洲・大田両市場は「基幹市場」として全国拠点型市場に、②板橋・北足立・葛西の3市場は「広域物流拠点市場」の流通業務団地型市場として位置付けられ、③板橋市場は豊島市場（供給拠点市場）と、北足立市場は葛西市場（広域物流拠点市場でもある）と、それぞれ連携するほか、④淀橋市場は「供給拠点市場」として世田谷市場と結びつきを強める一方、⑤多摩ニュータウン市場は「供給拠点市場」として国立地方卸売市場と連携を強化する――といったことになる。特に、「板橋」と「豊島」、「北足立」と「葛西」、「淀橋」と「世田谷」の各市場は卸売業者が同一経営体であり、さらに道路交通の利便性などを考慮し、それぞれ2つの市場で連携・補完することを都は強く求めている。将来的には主市場・分場としての役割分担を視野に入れ、これまで当たり前のように行われてきた「集荷・分荷、価格形成、代金決済」という中央卸売市場の基本的な機能を自己完結しない市場が出てくるだけでなく、結果次第では「市場統合」さえ浮上してくる可能性がある。

財政状況が豊かとみられる東京都でも、こうした計画を成就させることを前提に、都が「開設者」として市場の運営を行い、「施設管理者」として計画的な整備と維持・更新を実施し、さらに「市場会計の管理者」として財務基盤の確保に取り組む、いわゆる「公設公営」制を維持しようとしている。中央卸売市場開設者の自治体の中には「公設公営」で市場を支えることがいかに難しいかということがわかるであろう。

民間企業の卸売業への参入

①（株）ファーマインド

卸売市場が衰退するなかで民間企業の卸売業への参入が最近、話題になっている。バナナやアボカドなど輸入農産物を手掛ける大手の青果物輸入業者・（株）ファーマインド[6]が2021年8月末に全農と**業務提携**を結んだ。インフラなどを共同活用するとして示した取り組みは①国産青果物の産地物流および消費地物流における共同配送、②産地および消費地の物流拠点の相互利用、③国産青果物輸出における共同物流、④国産青果物の安定販売による生産振興――の4つである。なかでも「物流の効率化」は両者の考えが一致している。

ファーマインドはバナナの加工施設を主としたセンターを全国14か所に整備している。バナナなど輸入青果物の加工だけではなく、国産青果物の貯蔵・加工なども手掛けており、いわゆる「輸入業者」の範疇には入らない。同社は全農との「提携」前に、東京都中央卸売市場・大田市場に仲卸業者として入場しており、定温管理ができる東京青果のロジスティックセンターで主に国産青果物の仕入れを行っていた。大田市場に入場する前から同社と取引があった農協もあるが、入場後は取引品目が増え、現在（2021年12月）は10品目を超えている農協もある。同社の強みは全国にあるセンターを拠点に地域のスーパーなど小売業者や地方卸売市場を販売先に抱えている点である。ジャガイモが高値になった2021年春に、同社と取引のある農協はこれまで見向きもされなかった「小玉」を袋詰めして販売する話を持ち込んだ。手に入れにくい地方に売り込もうという考えだが、取り組みは見事に成功した。既成概念にとらわれないで実需者が求めている商品をいかに売り込むか、従来の仲卸業者にはない発想で同社の売上高は約843億円（2021年12月期、連結）にまでなっている。

一方の全農は人手不足などを背景に、複数の農協が参加する共同集出荷・選果センターを各地に設置し始めたが、もう1つの課題が「物流の効率化」であった。大都市に向けて全国の農協や県本部・県連などが大型トラックを仕立て卸売市場まで届ける現在の手法が、運転手不足や時間外労働規制、道路事情などで極めて難しくなってきたためである。そこで現在、JA全農青果センターの一つ、「神奈川センター」を使って鹿児島県の青果物で「ストックポイント（集出荷施設）」の実証実験をしている。同県から首都圏に運ばれる野菜や果実を「神奈川センター」で下ろし、小型車に振り分け各卸売市場に配送するのである。こうした「ストックポイント」を全国にあるファーマインドのセンターを使ってできれば、自前の施設を整備する必要がなく、農協、県本部・県連の物流の悩みを解決する方策としてメリットは大きい。

動きは速かった。全農は2021年11月に、福岡・佐賀・長崎の3県のキュウリやブロッコリー、それに温州ミカンなどを同社の福岡センターに一括集荷し、それらを東京、大阪の中央卸売市場ごとに10トン車に混載させて輸送を始めた。実証試験とはいうものの、県域を越えた共同輸送、それも卸売市場ごとに混載させて運ぶのはこれが初めてであるだけに、こうした取り組みが広がれば物流効率化の全国展開は極めて実現性が高い。特に、出荷数量の少ない時期に混載の共同輸送が可能になれば大規模産地だけでなく、多品目少量産地にとっても朗報であり、青果物の生産・出荷量の維持・拡大が物流改革から前進することも考えられる。全農は2023年度から同社との本格的な物流効率化の取り組みを始めたい意向であり、配車計画に苦労していた産地にはうれしい情報といえる。

また、ファーマインドにとっても「物流の効率化」の意義はあるが、それ以外でも大きな意味があることを指摘しておきたい。まず、物流であるが、同社は各センターから毎日、スーパーなど小売業者や卸売市場にバナナなどを積み込んだトラックを走らせている。これに国産青果物を積めれば積載効率を上げられる。が、単にそれだけであれば全農側のメリットと比べ小さすぎる。同社経営企画部によると、「全農という大きな看板」に期待しており、国産青果物の集荷に一層の力を入れる狙いがあるという。もちろん、いまでも各地の法人などの生産者グループと提携し、30以上の農協とも付き合いがある。しかし、提携によって「全農」という**後ろ盾**があれば、青果物の販売権限を握る農協や県本部・県連とさらなる繋がりができる可能性がある。広島市中央卸売市場や福岡県の地方卸売市場の卸売業者にも既に出資して提携を深めているだけに、「看板」の意味合いは大きい。ファーマインドの強みは、全国にセンターを持ち青果物を定温管理でき、貯蔵や加工なども可能であり、単に「ストックポイント」としての利用以外にも活用できる機能が備わっている点である。また、センターから小売業者までのコールドチェーンも完備され、その利便性を知ってもらうことで、農協や県本部・県連に利用を促す狙いがあるといえる。

しかも、同社には、スーパーなどで品ぞろえが不可欠なバナナなどの商品で培った実需者との密接なつながりがあり、説得材料として一層の強みである。どの地域の、どの小売業者などで何が必要か把握しており、いわばマーケティングサービスを系統農協に提供できることの意味は大きい。同社経営企画部は全農との提携について、「どのように進むかは今後の話し合い次第である[7]」というが、同社のセンターのある都市の中央卸売市場にとっては無視できない提携といえる。取引のある農協は「卸売業者を通してお付き合いしているが、バナナなどの取引でスーパーなどの小売業者の販売事情をよく知っており、直接紹介してもらえることも少なくない。そうなると、卸売市場を通さないで同社と取引し、近くのセンターに運び込めば商流も物流も極めてスムーズになる」と話し、既存の卸売市場から乗り換えることも一つの選択肢と考えている。ファーマインドのセンターのある地域の中央卸売市場・卸売業者はこうした施設、サービスのできる同社とどこまで対抗できるのか。14か所のセンターなどをネットワーク化し、さらに地方卸売市場を結び付ければ、国産青果物の商流・物流はさらなる広がりを見せ、間違いなく既存の卸売業者を脅かす存在となろう。

②（株）農業総合研究所

もう一つ事例がある。国内の農業者を個別に取り込んで卸売業に乗り出した企業が、今度は卸売市場にも参入してきた。（株）農業総合研究所であるが、２００７年に設立して２０２１年6月には東証マザーズにも上場した。同社は「農家の直売所」事業と「産直卸」事業を柱に卸売企業として成長、２０２１年８月期の決算では売上高は47億３７００万円である。全国に94か所の集荷拠点と４か所の物流センターを配置、地域の農業者（2021年事業年度＝9～8月＝の登録農業者9762人、前年度より489人増）が生産した青果物を集荷・販売する。基本は受託販売で手数料は1コンテナ8・5％で、食品スーパーなど小売業者の1774店舗（2021事業年度、前年度より155店舗増）を売り先として抱え、スーパー内にインショップを展開する。大きな特徴は消費者や小売業者の声を直接農業者にフィードバックすることであり、農業者の生産意欲を駆り立てることを念頭に置いている。このため、商品一つ一つに農業者の情報（畑での農作業風景など）や野菜などのレシピを読み込めるQRコードを添付したポップを付け、毎日の売り上げデータと「声」を届けている。また、フェアをする際は「買取販売」をするほか、スーパーなどから指定を受けて商品を「産直卸」事業の商品として買い取り、スーパーの通常の棚に並べて販売している。「産直卸はまだ、全体の1割程度であるが、将来は50％くらいにはしたい」（広報部）というが、農業者を個別に〝囲い込む〟存在として農協は目を離せないであろう。

同社は得意分野の商品のブランド化を進める一方、集荷力をさらに強めるため、富山市公設地方卸売市場の卸売業者・富山中央青果と2020年9月に業務提携をし、2021年12月には資本提携にまで発展させて筆頭株主となった。農協などからの出荷を軸にしている卸売市場に参入、その商品を「ブランド」に仕立てて売り先としているスーパーに販売するというのである。卸売業者の強み（集荷力）と弱点（販売力）を巧みに活用、加工分野にも乗りだす計画のほか、物流など流通機能全般を深化させたい、としている。「新しい農産物流通の仕組みを構築する」（広報部）ことを目標に、持続的な農業生産・販売（同社では農産業と呼ぶ）の仕組み作りを狙っている。「民間の知恵」を卸売市場・卸売業者に持ち込み、卸売市場も一つの拠点として既存の業者が試みなかった方法を積極的に導入して、地域の青果物を広域流通させようとしている。また、試行段階であるが、JR東日本との提携で集荷拠点を駅構内に設置し、果実などの高級商品などを都心の「駅ナカ」店で販売する取り組みも始めた。

民間業者の取り組みは、売り込み先のスーパーなどの実需者を着実に囲い込んだうえで、卸売市場を巧みに利用しながら個々の農業者や農協を取り込んでいこうとしており、卸売業者・仲卸業者には無視できない存在であることは間違いない。

卸売市場の再編・広域化

ただ、卸売市場内の卸売業者と市場外の業者には大きな違いがある。繰り返しになるが、青果物流通の拠点である卸売市場は公益性・公共性が極めて高いから、国は「卸売市場法」を定め取引などに一定の規制（ルール）を課している。改正法でも「共通ルール」（131頁と139頁表1表参照）として旧法から残置させた「差別的取り扱いの禁止」「受託拒否の禁止」「代金決済ルールの策定・公表」がそれに該当する。多数の農業者らが卸売市場に出荷するのも、ルールにもとづいて価格形成が行われ、分荷、代金決済されるからである。しかし、市場外の業者は取引のルールを当事者同士で自由に決め、「公序良俗」に反しない限り誰にも阻害されない。仲卸業者との軋轢を考慮しなくてはならない市場内の卸売業者と違うので、小売業者にも積極的にアプローチし、農業者や農協に対してマーケティングサービスを売り込む材料として接近している。小売業者らへ直接販売したい農業者や農協にとっても、実際には「直接販売」ではないが、具体的な消費情報が得られるなどの利点があり取引している例も少なくない。ファーマインド、農業総合研究所は一例であるが、そのほかにも業務・加工業者を販売先とした市場外業者が農協や県連に積極的なアプローチをしている事例がある。

しかし、市場外業者に全国的な青果物の作柄状況などを的確につかみ、需給実勢を反映した量的・質的調整を独自に判断して価格を形成することが果たして可能であろうか。実勢を把握しないままの価格形成は、結果として企業や出荷農業者にその損益がついて回ることになるため、価格は卸売市場に依拠したものを借用している市場外業者が多くある[8]。卸売市場は、市場外業者にとっても大きな存在意義があり、その効用・効果を巧みに使ってこそ事業の継続性が保たれていることをわきまえておく必要がある。

また、市場外の業者が卸売市場の卸売業者として参入する場合も、業務や資本提携であったとしても卸売市場流通の公益性・公共性を自覚しなければならない。スーパーが破竹の勢いで全国展開した際に、総合スーパー各社は地域の商店街を凌駕してしまったが、儲けがなくなるとなれば撤退し、そのあとの地域の商品流通のありようは「買い物難民」という言葉まで出るほど困窮した。流通の世界は浮き沈みが激しく、企業の財務、経営の問題が必ず出てくることは、ダイエーなどスーパーの状況をみれば明らかである。特に、青果物は天候に左右されるなどの特殊性を持つだけに、長い目で経営を持続する視点がないと儲けの少ない卸売市場内の卸売業者などできない。たとえ、業績が悪化しても、「では撤退」というわけにはいかない企業責任が公益性・公共性の高い卸売市場・卸売業者にはあることを自覚しておくべきであろう。東京青果が２００７年に同業他社８社との資本提携に踏み切ったのも、卸売市場流通の意義や価値を知ったもの同志が連携することで市場外の資本の流入による卸売市場流通の混乱を少しでも回避させたい意向があったからである。

とはいえ、卸売市場といえども開設者自治体や市場業者の財政問題を抜きにしては語れない。そのことを頭に置きながら、卸売市場の今後のあり方を考えるならば、もはや都道府県や市段階の自治体を基幹とする中央卸売市場を開設するより、さらに広域で運営する手法を模索すべきときにきているといえないだろうか。そして、もう一つ、卸売市場は何も中央卸売市場さえあれば良いというわけではない。中央卸売市場を「拠点市場」と位置付け、地域・地場の卸売市場を「外郭市場」とし、地域の農業者にとって安心した出荷先とするのである。担い手不足、高齢化が進む農業ですそ野をできるだけ広くしておくには圃場の近くに「拠点市場」の、いわば「外郭市場」として卸売市場が存在する価値は大きい。

しかし、現状をみれば地域・地場の卸売市場は農協の合併による大規模化などによって集荷が難しくなり、地方卸売市場として生き残るのが極めて難しくなっている。農水省の調査によれば、地方卸売市場数は２０１９年度で４６５、卸売業者数で５２２であり、10年前に比べ市場数・業者数でそれぞれ約2割減っている。年々減少傾向にあり、取扱数量・金額も落ち込んでいる。残念なのは卸売市場が減ることによって、「農業を、もうやめるか」とリタイヤする農業者が少なくなく、それによって地域・地場でしか栽培されていない貴重な農作物さえもがなくなっていくことである。現状のまま放置すれば、早晩、法人や大規模農家、農協などが中央卸売市場に出荷を集中させることによって、零細・中小の農業者や地方卸売市場のごく一部だけしか残らなくなる可能性すらある。これでよいわけがない。わが国の農業やそれを背景にして営々と築かれてきた「食文化」[9]にも大きな影響を及ぼす卸売市場全体をどう再生させるかは、農業の今後にとっても重要な課題である。そのうえで結論的にいえば、中央卸売市場の**統合再編**による「拠点市場」化と地域・地場の地方卸売市場＝外郭市場との連携、それに「拠点市場」間のネットワークを是が非でも実現しなければならない。

「公設公営」制と広域化を提唱する

中央卸売市場の役割は極めて重要であり、地価や施設の改修などのコスト面からみても「公設公営」制が望ましい。しかし、今後の人口減少、消費の多様化・細分化、開設者自治体の財政問題などを考慮すれば中央卸売市場を統合・再編することは避けて通れない。国立社会保障・人口問題研究所の調査によれば日本の人口は２００８年の１億２８０８万人をピークに減少に転じ、将来人口推計（２０１７年推計）の基点となる２０１５年に99万人減の１億２７０９万人になった。人口構造は合計特殊出生率（１人の女性が15歳から49歳までに産む子供の数の平均）が横ばいから減少傾向にあるため、14歳以下と生産年齢人口（15歳～64歳）が減る一方、高齢（65歳以上）人口が増加しており、このままいけば２０６５年には総人口は９０００万人を割り込み、高齢化率も38％台になると見通している。合計特殊出生率を「中位」の1・44と仮定した場合、2040年の総人口は1億1092万人であり、今後1年間で約65万人が減ることになる。2015年の実績でみれば島根県（約69万人）の人口程度が毎年減少していくことになり、中央卸売市場を開設する自治体には重い課題であろう。

卸売市場と人口減少を、もう少し引き寄せて考えるために中央卸売市場の開設者自治体の人口を2015年の実績と2035年の推計値（表3）を比較すると、39都市のうち5都市を除く34都市が2015年より減少する。2035年の段階で増加見込みの開設5都市についてもすべてが2040年にはピークアウト、東京都は2035年比で0・7%、福岡市が同0・4%、川崎市が同3・3%、沖縄県が同0・9%、さいたま市が同0・9%、それぞれ減少する。改正法の見直しが実施される2025年には人口減少の実態がさらに顕著になり、それに添った卸売市場のあり方が問われることになろう。卸売市場再編がその時、どこまで進んでいるかわからないが、同じ市場や地域内の卸売業者の合併などではとても対処できないことは明らかである。考えるべきは、「公設公営」により公益性・公共性を守ることのできる再編であり、改正法によって廃止された「開設区域」を逆手にとった、広域化によるダイナミックな再編とネットワーク化[10]であると筆者は考える。

具体的にいえば、図1のように全国を北海道、東北、関東、北陸（新潟含む）、甲信、東海（岐阜県含む）、近畿、中国、四国、九州・沖縄の**10ブロック**に分け、1つのブロックに2か所程度の「拠点市場」を設けることが第一である。中央卸売市場と同じように自治体による「公設公営」制にするため、ブロック内の都道府県が拠出しあって消防・救急のような広域事務組合（一部事務組合や広域連合）を作

表３　中央卸売市場の開設都市の人口将来推計

開設都市	2015	2035	増減率（%）
札幌市	1,952	1,924	▲ 1.4
青森市	287	221	▲ 23.0
八戸市	231	189	▲ 18.2
盛岡市	298	267	▲ 10.4
仙台市	1,082	1,015	▲ 6.2
いわき市	1,914	1,534	▲ 19.9
宇都宮市	519	506	▲ 2.5
さいたま市	1,264	1,314	4.0
東京都	13,515	13,851	2.5
横浜市	3,725	3,604	▲ 3.2
川崎市	1,475	1,567	6.2
静岡市	705	620	▲ 12.1
浜松市	798	750	▲ 6.0
新潟市	810	747	▲ 7.8
金沢市	466	452	▲ 3.0
福井市	266	249	▲ 6.4
岐阜市	407	354	▲ 13.0
名古屋市	2,296	2,260	▲ 1.7
京都市	1,475	1,387	▲ 6.0
大阪府	8,839	7,963	▲ 9.9
大阪市	2,691	2,560	▲ 4.9
神戸市	1,537	1,410	▲ 8.3
姫路市	536	493	▲ 8.0
和歌山市	364	321	▲ 11.8
奈良県	1,364	1,136	▲ 16.7
岡山市	719	711	▲ 1.1
広島市	1,194	1,175	▲ 1.6
宇部市	169	146	▲ 13.6
徳島市	259	226	▲ 12.7
高松市	421	399	▲ 5.2
松山市	515	475	▲ 7.8
高知市	337	297	▲ 11.9
北九州市	961	843	▲ 12.3
福岡市	1,539	1,677	9.0
久留米市	305	294	▲ 3.6
長崎市	430	355	▲ 17.4
宮崎市	401	378	▲ 5.3
鹿児島市	600	546	▲ 9.0
沖縄県	1,435	1,465	2.1

注：①人口の単位は千人
②いわき市は東日本大震災の影響を考え県全体の数値を掲載
③▲はマイナス
出所：国立社会保障・人口問題研究所「日本の地域別将来推計人口」2018 年 3 月発表

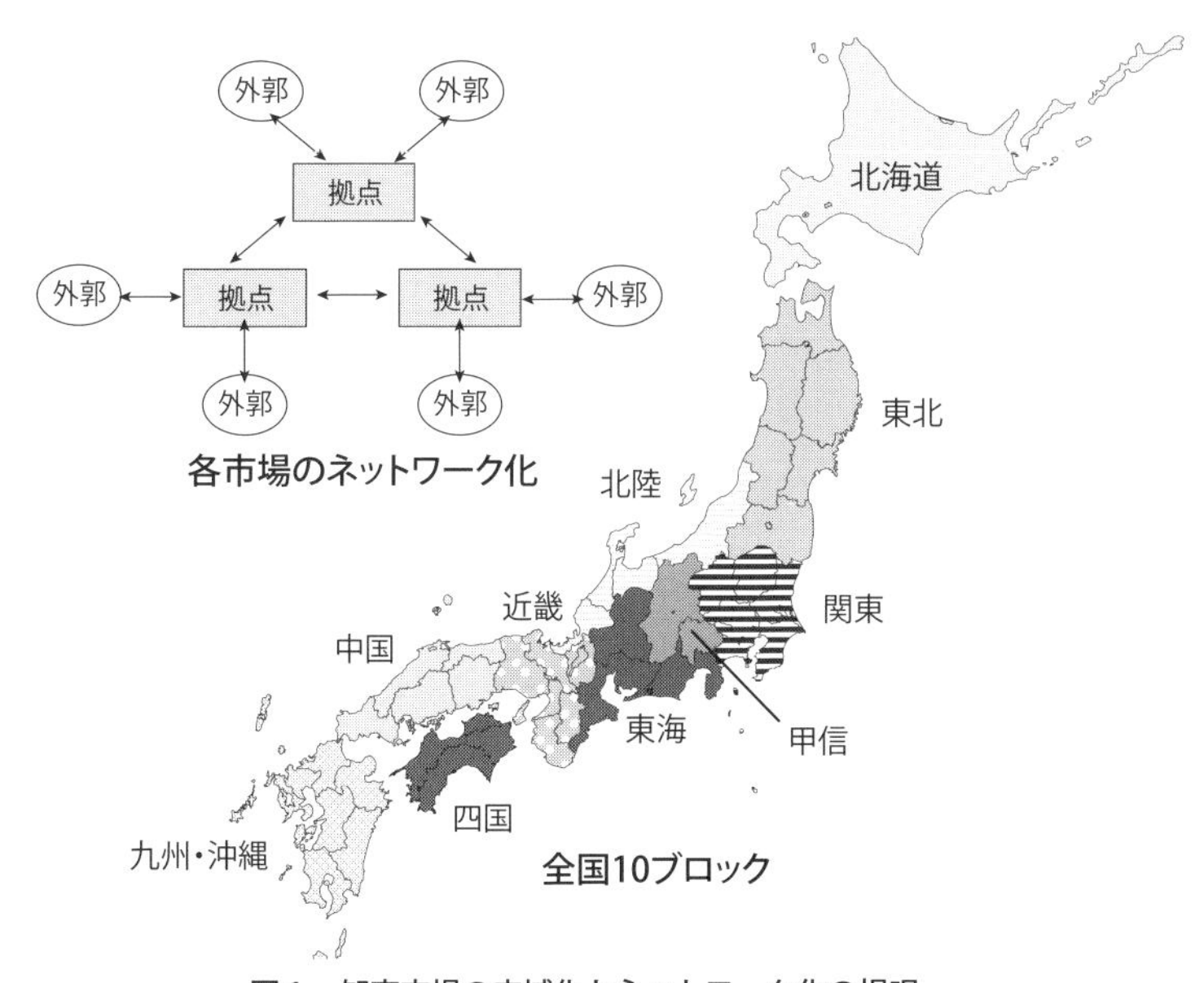

図１　卸売市場の広域化とネットワーク化の提唱
全国 10 ブロックに分け、1ブロックに拠点市場２か所、外郭市場数か所。各市場のネットワーク化をめざす。出所：筆者作成

り「拠点市場」の業務規程にのっとり管理・監督する手法である。もちろん、卸売市場法の旧法の「目的」を復活させ、卸売市場整備基本方針とそれに基づく「計画」で市場整備の予算を国が確保し、「基本方針」で今後の卸売市場の課題を洗い出すことが前提になる。そのうえで、「拠点市場」には行政、研究者や「外郭市場」関係者らからなる審議会を設置、国の「基本方針」を、それぞれの「拠点市場」「外郭市場」の消費動向にあわせて検討、今後の向かうべき方向を打ち出していくのである。ただ、断っておくが、政府が1998年に打ち出した地方分権推進計画など政府の地域社会資本の整備の方向性である「量から質」、「上からの画一」から「下からの多様」の整備[11]とは全く異なる。

筆者の広域化構想を詳しく説明すると、卸売業者は一か所の「拠点市場」に2つ程度にするが、仲卸業者を必置制にして分荷を多彩にする。そのうえで、「拠点市場」を基点に管内の各県に「外郭市場」としての卸売市場を数か所配置。全国流通物品などを「拠点市場」から分荷することで大規模から中小・零細までの小売業者の要望にも応えられるように配慮する。ただ、「外郭市場」は「拠点市場」から単に荷を受けるだけの役割を持たせるのではなく、全国流通させたい、させるべきと「目利き」した青果物を「拠点市場」に逆流させる機能を持たせることが重要である。そのためには、「外郭市場」が配置されている県に「食文化」を理解して、より付加価値を見出せる人材を配置するための育成が欠かせない。こうすることで、地域・地場の「外郭市場」に出荷しても青果物の品質と価値を評価する仕組みを作り、農業者への励みとする意味を持たせるのである。いまのように、個々人の農業者や農協がわざわざ大都市の中央卸売市場に出荷しなくとも、「外郭市場」で価値がわかってもらえるとなれば、物流コストが減るだけでなく、「外郭市場」にも一定の受託手数料が入ることになり両者にとってメリットがある。実は、**「拠点市場」と「外郭市場」の連携**は、青果物ではないが花き市場でできあがっているところがある。花きは地域の文化の違いによって価値と評価が異なることが多い。大都市を抱える中央卸売市場では価値のある花きを、地方卸売市場の「目利き」で評価し、価値を価値として見ることのできる中央卸売市場に持ち込んでいる事例に出合ったことがあるが、その地方卸売市場に出荷している農業者の「市場」への信頼感は極めて高かった。

もう一つ重要な課題は、「拠点市場」間のネットワーク化である。「拠点市場」といえど、その存在場所によって住民の所得間格差があり、スーパーなど実需者の求める商品が異なる。出荷する農協や「外郭市場」も、大都市の「拠点市場」に出荷して野菜や果実の価値を競いたいであろう。また、大都市の「拠点市場」間でも建値を出せる市場とそうでない市場、ブロックの青果物の集荷に強い市場などいろいろ出てくる。消費者の要求が多彩な大都市があれば、価格に敏感なところもあろう。こうした「拠点市場」間の差は、視点を変えれば「存在意義」の違いともいえる。「拠点市場」のネットワークが必要なのは、もともと、卸売市場の機能の一つである量的・質的調整をネットワークでさらに重層化する狙いがある。そのためには、「拠点市場」の卸売業者が連携して価値を再評価する仕組みを作らねばならない。品目ごとに「拠点市場」の卸売業者の担当部署が調整、新設する統括部署がメールなどで連絡し合い、幹事社がそれを産地に連絡してブロック外の「拠点市場」に荷を回す態勢を構築することでネットワークは可能になる。

また、生鮮食品を扱う施設が卸売市場だということの再確認として、わが国の食文化と密接にかかわっている施設であることを地域住民に知らせる役割・機能の付与である。「拠点市場」や「外郭市場」に調理施設を整備、地域住民が参加できる「料理教室」を行政などと連携して卸売業者と仲卸業者、産地が協力して積極的に実施するのである。卸売市場の生き残り策として、市場を「大量一括荷受市場」や「物流センター市場」「小売業等兼務市場」などに分化する意見や市場内に加工施設を設ける見解もある。[12] しかし、それらは各市場業者が今後の事業の展開をどうすべきかの判断であり、生鮮食品を扱う卸売市場の生き残りとしてとるべき策でも、備えるべき施設でもない。卸売市場はあくまで「生鮮食品」にこだわるべき卸売施設であり、冷凍食品や総菜など加工食品を使った簡便性に流されがちな国民の食生活を生鮮素材に引き戻すため、その素材の由来や栽培地域、栽培法、さらには生鮮食品の選び方、素材を使った調理方法などを伝える機能こそ持つべきであろう。

具体的にいえば、月に数回、「拠点市場」や「外郭市場」で市場業者、行政、それに産地が協力して料理研究家らを招いて市場流通する食材を学習し、それらを使った料理を地域住民に教え、相伴することで、改めて生鮮食品の良さを知ってもらう料理教室などが考えられる。こうした取り組みこそが、消費者に卸売市場の存在だけでなく、その価値をも知ってもらうことにつながると信じている。野菜のすばらしさや「文化としての野菜」を栄養学の研究者や流通業者、種苗会社などと追究するため、「**野菜と文化のフォーラム**」（現在はNPO法人）を1988年に創設した江澤正平さん（元東京青果常務・西武生鮮食品＝現西友＝社長などを歴任）は、生前、「卸売業者が施設の中に調理場を設けていないことは、自分たちの役割がわかっていない証である」といった趣旨の話をしていたが、便利さに流される消費者のニーズをよしとして、それに応えることだけが卸売市場・卸売業者に求められることではない。現代の食生活の問題点を丁寧に、わかりやすく説明し、それに基づいた実践も必要である。そのためには、生鮮素材を使った料理でバランスの良い食生活を送ることで健康の維持・増進を図ることの重要性を、料理教室で示していくのも今後の卸売市場のあるべき方向ではないのか。

筆者の提唱する卸売市場の「広域化」を詳細に説明すれば説明するほど、「難しい」と即答する声が聞こえそうである。ブロック内の都道府県の新たな「拠点市場」創設への検討・調整、中央卸売市場に現存する卸売業者の統合・合併などができるのか——などの疑問だろう。自治体間の調整は、改正法によって市場開設者である自治体の責任が極めて重くなったこと、国の支援が限られていること、各自治体の財政状況は決して豊かではないことや、地域の小売業者、消費者に生鮮品を安定的に供給する責任を自覚しているのであれば、「難しい」というより「検討・調整せざるを得ない」のではないか。もちろん、「総論賛成、各論反対」もあるだろう。特に、「拠点市場」をブロックのどこに置くか、その拠出金がどの程度になるか、中央卸売市場のない県も参加するのか——など細部になればなるほど「反対」意見が少なくないと思える。しかし、この難題を乗り越えないと基幹となるべき中央卸売市場の開設者に民間企業が就いたり、また経営が立ちいかなくなって廃止になったり、儲かる都市の卸売市場、儲かる相場の出せる卸売市場・卸売業者しか残らなかったりすることが考えられる。

これは架空の話ではない。東北のある都市の支局で記者をしていたとき、地元のレタスがその県の生協の店舗で確保できないことがあった。調べてみると、全国流通させたい農協が東京など大都市圏の中央卸売市場にすべてを出荷していたため、地元の卸売市場に荷が入らなかったのである。「ロットが少ないから」「相場が出ないので」と農協は反論していたが、「民設民営」になれば、それは一層広がり収拾がつかないことが予想される。自治体が卸売市場の役割を十分理解・納得し、自身の財政状況、住民への安定供給なども考え判断すれば、おのずと「総論賛成・各論賛成」の結論に達すると信じたい。

また、卸売業者の再編も大きな問題となるであろう。改正法の下でも青果物を扱う中央卸売市場は38都市に存在し、67の卸売業者が営業しているのである。ブロックに2つ程度の「拠点市場」、「拠点市場」には2つ程度の卸売業者という提案は「とんでもない」と猛反発されることは想像がつく。しかし、足元をよくよく見てほしい。入荷量は年々減少、それを乗り越えるだけの力量は見えず、そのため財務状況は一部を除いて悪化の一途である。卸売市場流通の地盤が沈下しており、財務の良好な卸売業者でさえ「小さくなる一方のパンの奪い合い」に勝っているに過ぎない。1990年代後半から続くこうした傾向に、農水省は何度か業者の統合・合併の「サイン」を政策的に打ち出したが、親族的な経営者が多い卸売業者の多くは見向きもしなかった。特に、2003年の会計検査院が卸売市場に設定されている「目標数量」「基準取扱数量」の未達などに厳しい指摘をし、それに基づく意見で「市場施設の算定基準等を見直し、必要性が確実に見込まれる施設、現に必要な施設を整備すること」を求めた。また「中央卸売市場の適切な配置についても検討を十分行うよう」政策転換を農水省に要望した。これに基づいて同省は第8次卸売市場整備基本方針（2006〜2010年度）で、「中央卸売市場の新設はしない」と明記したうえで、「卸売市場の再編基準」を設け「市場運営の広域化」を開設者自治体や卸売業者に提案した。自治体、卸売業者の多くはこの「サイン」を果たして十分理解していたのであろうか。

「卸売業者の認可は農水省にあるが、企業である以上、これ以上の行政的な施策はできないな」と、独り言のようにつぶやいた当時の担当者の言葉を覚えているが、その後、統合・合併や中央卸売市場から地方卸売市場への転換はあったものの、「市場運営の広域化」はほとんど実現しなかった。「開設区域」の問題はあったが、中央卸売市場の要件[13]では一部事務組合や広域連合が認められており、卸売業者の統合・合併と自治体の後押しがあれば十分可能であった。にもかかわらず、卸売業者は動かなかった。筆者は記者として行政マンの心情が理解できただけに、「業を煮やした農水省が（2018年の）改正法に踏み切った」という趣旨の発言[14]も、あながち見当はずれとも思えない。

卸売業者はなぜ、こうした農水省の「サイン」を意に介さなかったのか。「代々続く家業を俺の代でつぶしたくない」といった理由が背景にあるのは間違いないが、もう一つの決定的な理由は「**危機意識のなさ**」である。財政状況が目に見えて悪化してきたのは2001年度からである。営業利益率は0・1％とこれまでの最悪となり、営業損失も全体の26％になったときの卸売業者は106業者であった。しかし、その後20業者減るのに8年間（2009年度＝86業者）かかり、さらに20業者近く減るのに10年間（2019年度＝67業者）を要した。ペースダウンしたのは2010年度以降、気候変動が激しくなり、異常気象が恒常化して豊凶の差が大きくなり、売上高が横ばいから上昇傾向にあったからである。2017年度からは再び売上高の減少で、2019年度は営業利益率マイナス0・01%、営業損失割合も63%まで拡大したことは第1章で既に述べた。しかし、あえて記しておきたいのは、人口、経済・消費動向など卸売市場を取り巻く環境が大きく変化しているにもかかわらず、一時的な売上高の増加、具体的には2020年度などにみられる財政好転などに目が向き、構造的な問題に対処しない、あるいはしなかったことが統合・合併を遅らせた要因と断言できる。それは根本的には、売上高の減少を人件費など経費の削減で補い、帳簿上の帳尻を合わせてきたからであり、産地の販売代理人として荷をさばけば、何もしなくとも手数料として7〜8%の利益が上がることに頼ってきた結果であるといえる。しかし、財務の悪化が今後間違いなく進むことを考えれば、「帳尻合わせ」は限界である。売上高人件費比率は2017年度の2・39%が過去10年間の底であり、卸売市場に荷が入る以上、一定の人員確保は卸売業者の必要条件である。また、「利益の源泉」といわれる売上総利益率（粗利益率）も、買付割合の増加とその利益率の横ばいから低下によって6・50%台が続き、圧迫材料として重くのしかかるのが出荷先の農協の指値であり、指定卸売業者からの除外である。「手数料自由化」（2004年法改正、2009年4月から実施）が名ばかりであり、以前の定率制のままであっても、実質的に「自由化」、あるいはそれ以上の圧力が加わっている現状を直視すれば、このままで卸売市場の存在価値が維持できるか考える必要があろう。

公益性・公共性を担う卸売市場の中核である卸売業者も、それは十分認識しているはずである。社会的な責任より「私的な思い入れ」に重きを置けば、卸売市場を頼る仲卸業者、小売業者、そしてその背後にいる消費者に多大な迷惑をかけることになる。存在価値の重さを熟慮して、いまこそ統合・合併、それもダイナミックな広域的な連合の卸売市場・卸売業者に乗り出すときではないか。全国一斉にこうした変革は難しい。だが、開設者自治体や卸売業者のリーダー的な立場にある方々が集まり、検討会を設けて少なくとも数か所のブロックで試験的に実行できるよう話し合いをはじめるべきであろう。

注

（1）総務省の地方公営企業法に基づいて一般会計から繰り入れることのできる基準（経費の範囲と割合）は2つあり、「市場業者の指導・監督などに要する経費（収益的収支）」は市場営業費用の30%、「市場の建設や改良に要する経費（資本的収支）」は市場施設の建設改良にかかる企業債の元利償却金の2分の1となっている。

（2）東京都の中央市場会計（2019年度）の資料によると、施設整備費に上がっているのは豊洲市場の「ターレ充電口増設工事」、食肉市場の「市場棟仮設冷蔵庫整備工事」、大田市場の「事務棟昇降機改修工事」、豊島市場の「仮設卸売場B棟改修工事」などである。

（3）推計では、今後の都債発行額を「2019年度予算と同規模の2500億円」としている。この前提として「都債の償還に要する公債費は2018年度の4700億円から2025年度の約3000億円に減少した後、ほぼ横ばいで推移し、都債残高も2025年度以降で約5兆円の水準で推移する」とみている。ただ、これはあくまで上位推計で可能なことであり、「中位・下位推計の場合、中長期的には都債発行水準の引き上げなどの対応に迫られる」としている。また、下位推計の財政対策として都は「推計期間（2021〜2040年度）の収支ギャップは累計で▲3・7兆円となり、推計当時の現状の基金残高1・4兆円（2020年度末残高見込み額）の取り崩しのみにより対応した場合、2032年度には基金が枯渇する。抜本的な歳出削減に向けた取り組みに着手する必要性や、都債の発行水準の引き上げなどの対応に迫られることになる」と説明している。

（4）2019年度の税制改正で強化されたことが中央卸売市場開設者の都市に与える影響は大きく、特に大都市の市場開設者には深刻な問題となっている。地方法人課税の「偏在是正」措置は2008年度から導入されており、企業が都道府県に納める法人税（法人事業税と法人住民税）が大都市に集中しがちであるため、その一部を国が徴収して都道府県に配分する仕組み。自治体間の税収格差を埋める狙いだが、大都市にとっては減収になる。

（5）管理者制度（地方公営企業法に基づく制度）は、企業としての合理的、能率的な経営の確保に向けて、経営者の責任の自主性を強化し、責任体制を確立するため、地方公営企業法（第7〜16条）の規定に基づき、地方公共団体の長が地方公営企業の経営に関し識見を有する者のうちから管理者を任命し、組織・人事・予算等に係る一定の権限を付与して業務を執行させる制度。任期は4年。採用しているのは岡山市中央卸売市場（2002年度から）などがある。一方、指定管理者制度（地方自治法に基づく制度）は、民間事業者等の活力を活用した住民サービスの向上や公の施設の管理における費用対効果の向上、管理主体選定手続きの透明化を図るため、地方自治法（第244条）の規定に基づき、条例に定めるところにより、法人その他の団体であって地方公共団体が指定するものに公の施設管理を行わせる制度。採用しているのは大阪府中央卸売市場（2012年度から）などがある。

（6）東京・神田に本社を置く青果物輸入業者。全国に8か所の事務所と出張所を配置、札幌・大館（秋田県）・郡山（福島県）・千葉・八千代（千葉県）・上尾（埼玉県）・青海（東京都）・川崎・長野・名古屋・神戸・広島・福岡・宮崎に定温の貯蔵・加工の物流センターを設置している。青果物の生産、輸出入及び販売、加工（追熟、リパック、カット）と出荷管理、マーケティングサービスの提供などを手掛ける。創業は1991年2月。資本金35億7000万円。「センター」と小売業者をコールドチェーンで結ぶ全日本ラインなどの子会社をもつ。

（7）同社はその後も全農・農林中金と資本提携（2022年1月にファーマインドの第三者割当増資3％を全農と農林中金が引き受けた）するとともに、長野県の物流センターの増改築にあわせて全農と50％ずつ出資してPFC長野㈱＝PFCとは「プラットフォームセンター」＝を2022年1月に設立、同センターを拠点に産地貯蔵と加工、販売事業を同年7月から共同で始めた。

（8）「市場流通で集約される産地や消費地の情報あるいは卸売市場で発見される需給相場が市場外流通で利用されたり市場外流通での不十分な品揃えを市場が補ったりする効果」を市場流通の外部経済効果と呼んでいるのは桂瑛一氏であり、詳しくは『グローバル資本主義と農業・農政の未来像』（小池恒男編著、昭和堂2019年）第10章194頁と注参照。

（9）農業と食文化の関連については桂瑛一『青果物流通論』（農林統計出版、2020年）参照。

（10）小暮宣文が『農産物流通技術2018』（農産物流通技術研究会、2018年9月）の特集「卸売市場の改正と今後の青果物流通」で初めて提案。

（11）木立真直編『卸売市場の現在と未来を考える』（筑波書房、2019年）の第3章で、木立氏は改正卸売市場法を「地方自治体の自由裁量範囲が大幅に拡大した」と好意的に解釈している。その考え方の背景として、政府の地域社会資本の整備の方向性が、1980年代に量の整備から質の整備へ、「上からの画一」から「下からの多様」への転換に変わったこと、そしてそれが1998年の地方分権推進計画、2000年の分権推進一括法へと継承されたことを挙げている。確かに政府の方向性はそうであろうが、例えば公衆衛生行政の要の一つである保健所は1994年の「地域保健法」の制定、その後の地方分権推進委員会の中間報告などによって大きく変質。保健所数の削減と専門スタッフの抑制だけが先行した、とみる専門家がいる（重松峻夫「地域保健改革、地方分権と保健所」『日本公衆衛生雑誌』第42巻第8号、1996年）。今回の新型コロナウイルス感染症拡大でみられた保健所業務の多忙性、業務破綻は何が起因しているのかは今後専門家の検討が待たれるとしても、地方分権計画の1つとして挙げられた地域保健改革が基点になり、それに基づいた保健所の削減と保健サービスを住民に身近な市町村に移す計画の実施によって、全国一律のトップダウン方式のサービスから地域特性に応じた多様な住民ニーズに対応できるサービス体制への転換――などが図られたとはいえない。木立氏が「政府が表明した」という「上からの画一」から「下からの多様」への転換は、国が司令塔としての基本的な枠組みを作ったうえで、公衆衛生行政でいえば都道府県や市町村との連携システムを構築して初めて可能であろう。卸売市場行政も、ある意味では公衆衛生行政と同様に、何も起きていないときには見えない仕組みが、有事の際に有効に動くシステムとして整備する必要があり、国の「食料安全保障」に基づく責任の明確化や都道府県あるいは市町村の持つべきそれぞれの役割は常に明らかにしておく必要があるといえよう。

(12)市場流通ビジョンを考える会監修『市場流通2025年ビジョン』（筑波書房、2011年）90～108頁や、市場流通ビジョンを考える会幹事会監修『〝適者生存〟戦略をどう実行するか』（同、2020年）の第6章、それに東京都の「市場の活性化を考える会」（2020年の報告）が指摘した全国ハブ拠点型市場など役割・機能からみた市場の類型化にみられる見解。

(13)旧卸売市場法では、中央卸売市場を開設できる要件について「都道府県、人口20万人以上の市、又はこれらが加入する一部事務組合若しくは広域連合が、農林水産大臣の認可を受けて開設する卸売市場」としている。
(14)2018年3月に開かれた日本農業市場学会公開特別研究会での、専修大学商学部渡辺達朗教授の発言。

会計の新基準でどうなるのか

卸売市場の中核的な存在である卸売業者の財務は今後どのように変質していくのであろうか。特に、中央卸売市場の業者の財務は２００１年度から好転する兆しは全くといっていいほどない。そんななかで、公益財団法人・財務会計基準機構の企業会計基準委員会が２０１８年３月に公表した改正企業会計基準第29号の「収益認識に関する会計基準」（２０２０年３月に改正）が、２０２１年度決算から株式上場企業や大手企業などで適用され、会計処理が変更された。上場企業、大手企業の多くは適用するが、卸売業者は適用しないことも可能である。しかし、収益という財務の基本に関わる基準であるため監査人らから適用を促す意見が出されている卸売業者が少なくなく、２０２１年度決算では大手の多くと中小の一部の卸売業者が適用する見通しである。上場企業である（株）大田花きは、２０２２年３月期決算（２０２１年度決算）から新基準に則って損益状況を公表した。また、青果物を扱う卸売業者でも東京青果が基準を適用したほか、横浜丸中ホールディングスも監査人からの助言があり導入した。

これまでの企業の収益認識に関する会計基準は、「商品の引き渡しや役務の提供を行い」、かつ「現金または現金等価物を受領した時」に収益、つまり売上高とする「実現主義」を原則としていた。今回の改定は、国際基準にあわせて「企業が得ると見込む対価の額」、具体的には企業が実際に取得する対価を収益（売上高）とすることを基本原則としている。このため、収益認識の際に重要になるのが契約内容のほか、取引が**「代理人取引」であるか「本人取引」であるか**によって売上高計上が大きく変わる。このため、卸売市場における取引について新基準を適用する際には、産地との契約がどのような内容であるか、卸売業者の取引が「代理人」あるいは「本人」かによって売上高が決まることになる。

新基準を適用すると売上高がどう変化するのか。大田花きの2022年3月期決算[1]（2021年度決算＝単体）でみると、これまでの会計手法であれば売上高は約265億6200万円であるが、新基準では約27億7400万円になる。同社は「受託取引等、代理人取引と判断されるものについては、その売上高計上額をこれまでの取引総額から純額へと変更したため大きな差が出た」と説明する。このため、企業の損益状況を検討する際の売上総利益率や売上高営業利益率、同経常利益率などは単純に計算すると前期までの比較ができなくなる、という。

卸売業者の受託品の売上高でみると、新基準の特徴がよくわかる。これまでの売上高は産地に帰属する「売上原価」と「受託手数料」の合算であったが、新基準を適用すると卸売業者が実際に得る収益（純額＝受託手数料）だけが売上高となる。東京青果の2021年度決算でいえば、受託品売上高は約1302億3955万円であるが、新基準で計算すると、このうちから売上原価（約1198億22

60万円）を差し引いた104億1695万円が新たな受託品売上高となる。実に10分の1以下に売上高が〝減少〟した数値になるのが特徴である。

新基準で難問に直面しているのが青果の卸売業者であろう。買付品の割合が4割を超え、それも「自己計算に基づく買い付け」（本人取引）と産地の指値の「付け替え処理」としての買い付け（代理人取引）なのかの判断が難しいからである。このため、卸売業者によって会計処理がわかれることが予想され、経営者と公認会計士、最後的には監査人の判断がどう下されるか注目される。

具体的にどのような解釈が可能か探ってみた。1つは、受託品は代理人取引であるので「純額」が売上高となるが、買付品についてはすべてを本人取引とみなす考え方である。卸売市場の取引も一つの商行為であるので商法上の考え方に基づいて判断するという立場であり、たとえ受託品の付け替え行為としての買付品であっても、「買付品は買付品」としてあくまで本人取引として割り切る考えになる。

これに対して、本人取引と代理人取引を厳格に判断しようとする卸売業者がいる。同業者によれば、買付品のうち「自己計算に基づく買い付け」は本人取引であるが、「付け替え処理」についてはあくまで受託品の会計処理上の「社内移動」であり代理人取引の延長線上にあるという見方をとる。

また、改正法で可能になった自己買受についても卸売業者によって見解がわかれる。受託品が前提の自己買受であるので代理人取引とみなす考え方と、実質的にみれば本人取引になるという意見だ。後者については、さらに考え方が二分し、本人取引であるから買付品として売上高計上する卸売業者と、本人取引でも兼業収入として計上する業者がいる。自己買受を本人取引、代理人取引で対応しても売上高が変わるだけで買付品計上されるが、兼業収入として計上されるようになれば取扱総額に占める買付割合に影響が出るためこれまでの統計との比較が困難になることは間違いなく、農水省がどのような判断のもとで統計データを集計するか注視しなければならない。ただ、いずれも損益額が大幅に増えた場合、国税当局から「リベート」とみられることが考えられるとともに、不明朗な売買行為に対しては不正取引となる公算が強い。

以上でみたように、卸売市場での取引を前提とした会計処理は今後、厄介な問題になるだろう。卸売市場で取引の対象になる物品は生鮮食品である。天候に左右され、貯蔵の効かない食品などを国民に安定的に供給するために、公益性・公共性の高い卸売市場で公正・公平な取引が行われている。そのために卸売市場法があり、中央卸売市場ではそれに基づき条例によって業務規程を定め、法律的に付与された数々の機能と一定の規制を採っている。

この視点から多段階流通の最終局面にある卸売市場の役割を改めて考えると、市場には産地の「販売代理人」として卸売業者、買受人の「購買代理人」として仲卸業者が、中央卸売市場でいえば開設者の地方自治体の業務規程（条例）で許可されて業務を行っている。実施される取引は原則的に代理人取引であり、消費の多様化などによって取引が複雑化していることから本人取引も「特例」として認めている、といった考え方である。

さらに、根本的に問い詰めていくと、新会計基準の解釈次第では、卸売市場法の存在価値を弱めることにもなりかねない。代理人取引を原則としている卸売市場に本人取引を拡大するような考え方を導入すると、取引は商法に則って行うことが通例化することにもなる。２０２１年度決算で新基準を採用した東京青果は、受託品で手数料の発生する取引だけを代理人取引として扱い、受託品の自己買受については買付処理して買付品同様に本人取引としたのである。このため、同社の買付割合は前期に比べ4ポイント以上も上がり、全体の取引の38・5％まで上昇した。今後、自己買受が増えていけば買付割合はさらに上がり、本人取引の割合が代理人取引に迫ることにもなりかねない。その結果、卸売市場法が弱体化し、将来的に廃止される方向に向かうことが懸念される。特に、青果物を扱う卸売業者は農協の販売事業「黒字化」目標によって今後、指値が強まり、受託品でも買付処理をせざるを得ない。これをすべて本人取引としてしまえば、卸売市場が**代理人取引の場**であることを否定することになる。

新会計基準の適用によるもう一つの問題点は、出荷者など利害関係者に対し、卸売業者の財務の実態がこれまで以上に見えづらくなることであろう。売上高の「純額」化に伴い営業利益率、経常利益率などが過年度と比較できなくなる一方、新基準を採用しない社と比べることもできない。経営指標が比較できないのであれば、卸売業者の財務の実態がわからなくなり、出荷する側から経営状況の把握が困難になる。もちろん、損益計算書など財務資料が従来のものと同様に開示されるのであれば別であるが、新基準を適用した卸売業者がそこまでするか、まだ不透明である。

幸いに、2021年度決算では、売上高と取扱高を併記している事例が多い。しかし、今後も同様に併記されるかどうかわからない。もし、売上高のみの開示となれば、売上高営業利益率、同経常利益率などの経営指標は、分母である売上高が小さくなるので販売管理費が同じであるなら例年より高い利率が出ることになる。また、これまで指値がどの程度であるかを見る目安となっていた受託、買付の金額や割合、その原価などが開示されなければ、買付品の利益率、自己買受による受託手数料率の変化なども算出できなくなる。卸売業者には、産地の販売代理人であることを自覚して情報を開示し、財務状況の実態を委託者に知らせる責務があるのではないか。

卸売業者の財務は、表面化した部分だけで判断できないこともある。〝せり人〟が買付の「付け替え処理」をしないで個人で抱え込んでしまう事例である。取材で実際に聞いたことだが、その〝借財〟の処理のため卸売業者の会長が「抱え込んでいるものすべてを公にしなさい。会社が特別損失として計上、個人の責任は問わない」とまでいって社員を説得した結果、数千万円の「付け替え代金」が表面化してその年度の特別損失で処理したことがあった。会長は代表権を持っていたので責任をとって辞任したが、当時「オフレコで頼む」といわれ当該年度の「赤字」原因として筆者は記事化しなかったことを覚えている。当該卸売業者が大手であったのでこうした処理ができたが、買付、受託品事故損、それに自己買受などを水面下に潜らせると卸売業者の財務状況を正確に把握することが難しくなることは必定である。

そのうえで、再三指摘していることを再度いえば、産地や出荷者は卸売市場の役割を十分理解すべきだ。農協であれば販売事業の要が卸売市場で、自身の代理人として卸売業者が存在する意義を再確認してほしい。無理な指値を押し通せば、卸売業者の財務を圧迫して、結果として卸売市場流通を歪め、さらには卸売市場法そのものを弱めてしまう可能性のあることを肝に銘じねばならない。もちろん、生産を維持・拡大するため再生産価格を相場で確保したいことは理解できるが、指値はあくまでも農協の「**希望価格**」程度にとどめ、出荷数量や出荷先変更などをちらつかせ、是が非でも実現すべき売値にすべきではない。卸売市場の存在価値は、これまで指摘してきたように農協にとって極めて大きい。卸売業者のいない卸売市場はないのであるから、その業者と対立的な関係を生み出すことは農協の販売代理人を「代理人」として積極的に動いてもらうことを阻害してしまうことになる。卸売業者を農協の販売担当者のパートナーとして認識し、能力を十分に発揮してもらうよう育てることが、農協の販売担当者の専門的な能力の向上の点からも欠かせない、という認識を持つことである。

農協と卸売業者の間に信頼関係が醸成できれば、購買代理人である仲卸業者を通してスーパーなど実需者に農業の持つ奥深い意味合いを訴え、理解してもらえる道が拓けると信じている。一例を挙げると、あるスーパーがホウレンソウに残留する硝酸態窒素について問題にしたことがあった。それを受けた卸売業者は農協に相談し、施肥管理の実態を残留試験の結果も含めて仲卸業者とスーパーに詳細に報告した。それ以来、そのスーパーからの問い合わせはなくその後の取引も継続している。先進的取り組みをこころがける実需者になると、青果物を含む国産食材を「食料戦略・安全保障」の一つと考え、仲卸業者、卸売業者を通して輸入品から国産に切り換える方針を伝え、農協がそれに応えて新規作物の生産に乗り出した例もある。また、先にも述べたスーパーのバイヤーのように青果物の特殊性を理解したうえで、卸売業者らとともに産地に出向き「規格外」として取り除かれる商品を「規格外」という「規格」で出荷するよう求めた例もある。こうした事例をみれば卸売業者と農協の「協働」は、卸売市場の販売代理人だからこそ可能だといえるのではないか。

指値で得るメリットより、信頼関係から生まれるメリットが農協の販売事業にどれだけ効果を与えるか考えてほしい。そのためには、担当者が卸売市場に出向き、卸売業者の〝せり人〟が日々、どのような仕事ぶりをしているか目に焼き付け、有能な〝せり人〟がどれほど産地や消費者のことを両にらみしながら過ごしているかわかるであろう。もし、東京や大阪など大都市の中央卸売市場に駐在員を置いている農協であれば彼らから直接に「講義」を受ける意味も容易に理解できよう。ダイナミックな業界再編や私案のような卸売市場の広域化が進むと、今度は卸売業者が農協を選ぶ時代になる可能性がある。そうした将来の姿も頭の片隅に置き、卸売市場の役割を深く考え、卸売業者との信頼関係の構築に今後一層取り組んでほしい。

特に、最近の気になる動きとして、卸売業者、特に中央卸売市場の業者が今後も出荷者の販売代理人であり得るのか疑問に思う。横浜市中央卸売市場の卸売業者が２０２１年10月にホールディングス（ＨＤ）化した際に、ＨＤの筆頭株主に外食企業がなった。[2] もともと卸売業者に資本参加していたのであるが、多角化経営を目指すためのＨＤ化に伴って14・１％の株式を外食企業が取得した。実需者である外食企業に経営権が握られるということは、傘下に入る卸売業者にもその影響が及ぶことが想像できる。野菜などの購買人が「販売代理人」へ影響を行使できるようになることが、卸売市場の役割・機能にどのような変化をもたらすのであろうか。卸売業者が「販売代理人」と「購買代理人」も兼ねる例は地方卸売市場ではあるものの、中央卸売市場でみかけないのは価格形成などに及ぼす影響が大きいからである。出荷者である農協がこのことを強く意識すれば、出荷先の販売代理人としてどこまで信頼できるか疑問に思い、指値行為によって一層厳しい注文を付けることや、出荷を躊躇するか止めることが考えられなくもない。改正法施行以降、水面下でも数々の問題が出ているが、一つ一つの問題を本来あるべき卸売市場の役割と機能に引き付け考えていかないと、卸売市場が「あるべき姿」から次第に遠のいていってしまうことを強く懸念している。

注

(1)大田花きのホームページ参照。https://otakaki.co.jp

(2)日本農業新聞2021年11月4日付け記事参照。

あとがき――「宝の山」へ再生をめざして

「卸売市場」と初めて出合ったのは35歳のときである。日本農業新聞に中途採用された32歳から3年間は整理部記者として東京で過ごした。初任地（初めての転勤地）が大阪支所（当時、近畿北陸支所）であり、流通担当を命ぜられ大阪市中央卸売市場・本場（ほんじょう）の「駐在事務所」で過ごす毎日となった。取材の対象は青果物の相場動向が中心であったが、花き、畜産も月3回掲載される見通し記事を書かねばならないので、花き市場、畜産市場にも出入りした。ただ、毎日の相場の動きを書くのは青果物が主であったことから「本場」が仕事場になり、毎朝、せり後に3つあった卸売業者や、仲卸業者、それに全農大阪支所と各県経済連駐在事務所などに顔を出していた。

記者として書く仕事がしたいと、それまで勤めていた医療保険・地域医療の業界紙を辞めたものの、農業の「の」の字も知らない新参者がいきなり一人放り出されたのであるから、頼りは卸売市場の方々になる。しかし、当初面食らったのは〝関西弁〟であり、市場業者に〝東京弁〟を散々馬鹿にされ、初めは取材に最も肝心な言葉の壁にぶちあたった。からかわれているのに過ぎなかったが、年齢も年齢であったので「からかわれる」ことに慣れるのに時間がかかったのは思い出の一つである。「からかう」方は「からかわれる」35歳の歳を食った記者をみておもしろがりながらも、一方で本気になっていろいろ教えてくれたことがあった。せりの現場をみて、なぜ仲卸業者は買値を袖の下で隠して出すのか、なぜ〝せり人〟の横にテープレコーダーが置いてあるのか、相場動向とはかかわりのない質問にも、大阪ならではの事情のあることを、それこそ言葉の壁を飛び越して本音で教えてくれた〝せり人〟も現れた。

もちろん、農産物の「いろは」についても卸売業者や仲卸業者が「教師」である。紀州大根が漬物に向いている理由、「南高梅」の由来、「赤梨＝幸水など」は東京で、「青梨＝20世紀」は大阪で、なぜ売れ行きが違うか——など数え上げれば切りがないほど教わった。「本場」で仕入れをする果実専門店のある黒門町まで出向き、大阪ならではの仕入れ、商売の仕方を東京と比較しながら説明してもらい、卸売市場は「宝の山」であることをしみじみと感じた。和歌山放送で毎週、「大阪市場便り」（和歌山県農協中央会提供の「みどりのそよ風」の番組枠）を20分近く「本場」からラジオで生放送できたのもすべて卸売市場の方々らの教えがあったからであり、それが記者としての生涯の仕事になるきっかけであった。社内では「3Ｋ」職場といわれていたが、私にとっては楽しく、時には身に染みる業務であり、卸売市場を担当していなければ今の私自身がないとつくづく思う。本書を生み出す第一歩はこうした環境下で始まった。

印象に残るのは大阪から東京に異動となり、開場したばかりの東京都中央卸売市場・大田市場に出入りするようになったときである。それまで相場記事が主な仕事と理解していたが、大阪時代に2回経験した不正請求事件もあり、大田市場では1989年5月の開場当日の取材から相場記事はルーチンワークと割り切り、卸売市場で起こる問題や行政の対応などに軸足を移し始めた。なかでも、「先取り」という相対取引の横行でせりにかかる荷が減り専門小売業者から問題提起がなされ、最後は開設者が「先取り」数量の上限を設定するまでに至った過程については、農水省、東京都の担当部局に出入りして、「先取り」がなぜ頻繁になったか、法の「原則」と「例外規定」の狭間で揺れ動く卸売市場の実態に気付いた。また、有力な産地の県経済連が「相対取引なら『指値』も可能」と考え、卸売業者に厳しい指値を出していたことにも取材が及んだ。当時は、せりが取引の原則であり、原則に基づけば指値は違法性が強い。県経済連東京事務所長に取材を申し込むと、取材の趣旨を説明した途端、激高され、その後事務所には一切出入り禁止になったのも、いい思い出である。

東京の卸売市場でも、お世話になった卸売業者、仲卸業者、スーパーバイヤーらが多数いる。市場業者の財務を全く知らない記者に、手取り足取り教えてくれた卸売業者幹部、農業の「特殊性」を理解して仕入れにあたっていたスーパーバイヤーや仕入れ後に市場記者クラブまで時間があれば足を運んでくれたバイヤーもいた。果実の「目利き」の難しさを実物で説明してくれた仲卸業者らには、それぞれの立場を超えて農業と卸売市場の密接な結びつきを教示された。また、大阪時代から今日まで（一社）農業開発研修センター（京都）で行われていた流通研究会を取材させていただいたことで卸売市場流通、青果物流通の複雑さと「おもしろさ」が一層深まり、センターでの「報告」やシンポジウムへの参加が自身の血となり肉となったことは間違いない。当時、会長であった藤谷築次先生（京都大学名誉教授）にはよく叱られたが、もし、「研究会」に参加していなければ、いまの私はないといえるほど多くのことを学ばせてもらった。支えて下さった研究者は多いが、現在、大阪府立大学・信州大学名誉教授の桂瑛一先生には、その後も取材記事のコメントや指導を賜ったばかりか、本書に取り組むよう背中を押して下さったうえに、精読までしていただいた。ありがたいことであり感謝に耐えない。

残念でならないのは、古巣の日本農業新聞に青果物流通や卸売市場を専門的に取材する後輩を育てられなかったことである。新聞発行の出発点が「市況通報」でありながら、その後は系統農協の機関紙的な役割が重視され、農政が報道の「保守本流」となったことで、流通担当記者はいわば「亜流」とみなされたことが要因であるが、後輩を育てる力量が私自身になかったことも大きいといえる。

本書は、こうした経緯のなかで培った土壌から生まれた。転勤を繰り返し、記者からデスクといろいろこなしてきたが、どの部署にいても気になったのが青果物の流通記事であり、その好奇心の持続の結果が本書となったといえる。農学も農業経済学も学んだことのない身で、どこまで核心に迫れたかはわからないが、少なくとも卸売市場や農協の販売の現場を取材し、「実学」の側に引き寄せることができたことには間違いない。記者時代の「悪しき生活習慣」が歳を重ねるごとに身に染みてきているが、もう少し、卸売市場、農協の販売事業を見聞して「あるべき姿」を目指して己を磨きながら記事を書いていきたいと思っている。

２０２２年６月　筆者記す

◆ 著者紹介

小暮 宣文 こぐれ のりふみ

農業ジャーナリスト、東京農業大学客員教授。専門は青果物流通、卸売市場流通。

1949年生まれ。

1971年　明治学院大学法学部卒業。

教育、医療保険・地域医療の業界紙を経て、

1981年　日本農業新聞（当時:全国新聞情報連）入社。

整理部、大阪支所（編集担当）、報道部、東北支所岩手駐在（編集担当）、1998年 報道部次長、ニュースセンター部次長を経て、2002年 編集委員兼論説委員。2004年 論説委員室長。2006年 論説委員（同年4月から東京農業大学客員教授兼務）。2008年 編集委員兼論説委員。2009年2月 日本農業新聞定年退職。日本農業新聞客員論説委員に就く。

2008年 4月　東京農業大学客員教授　再任（2期目）

2011年 12月　日本農業新聞客員論説委員退任

2022年 4月　東京農業大学客員教授　再任（9期目）

主な著作・著書:

「卸売市場の現状と今後の革新」（『農業および園芸』養賢堂、2007年新年特大号）

「曲がり角に立つ卸売市場と、これからの農産物流通」（『生活協同組合研究』生協総合研究所、2009年8月号）

『青果物のマーケティング』（桂瑛一 編著）（共著、昭和堂、2014年）

「流通の公正を支える卸売市場」（『農業と経済』昭和堂、2017年11月号）

「5年後の見直しで卸売市場法はどうなるか」（『農産物流通技術2018』農産物流通技術研究会、2018年9月）など

卸売市場に希望はあるか
──青果物流通の未来を考える

2022年9月1日　初版第1刷発行

著　者　小暮宣文

発行者　越道京子

発行所　株式会社 実生社（みしょうしゃ）　〒603-8406 京都市北区大宮東小野堀町25番地1
TEL（075）285-3756

印　刷　中村印刷

ISBN 978-4-910686-04-2

シリーズ・地域の未来に種をまく

焼畑が地域を豊かにする

火入れからはじめる地域づくり

鈴木玲治　大石高典　増田和也　辻本侑生（編著）

本体2400円（税別）四六判 288頁 並製／978-4-910686-03-5

山を焼いて耕作地を切り拓き、作物を育てる焼畑。草木の灰や焼いた土から生じる養分は、肥料になる。在来野菜を活かした食・森づくり・地域おこしと結びつきながら、現代によみがえる焼畑の魅力と可能性に迫る。

まちづくりの思考力

暮らし方が変わればまちが変わる

藤本穣彦（著）

本体2300円（税別）四六判 224頁 並製／978-4-910686-02-8

「調べて、考えて、つくること」をまちづくりの基本と捉え、まちづくりをめぐる課題に丁寧に向き合う。

コーヒーを飲んで学校を建てよう

キリマンジャロ・フェアトレードの村をたずねる

ふしはらのじこ（文・絵）　辻村英之（監修）

本体1800円（税別）B5変型 44頁 上製／978-4-910686-01-1

フェアトレードコーヒーの産地を描いた、ノンフィクション絵本。

コーヒーが子供たちの教育を支える村に訪れたピンチをのりきるべく、ヒデ先生は豆を日本で販売しはじめた……！